LEHRMEISTER BÜCHEREI

Heinz Werner

Das Schaf

Haltung im Kleinbetrieb

20 Abbildungen im Text

Landbuch Verlag

Bildnachweis

Umschlag: Farbfoto Rolf Hinz
Archiv VDL: Foto 3
Dr. Max Burgkart: Foto 9a, 9b, 12–14, 20
W. Dunz, Landesverband Bayerischer Schafzüchter, München: Foto 2, 7, 8
Flexipol International, NL Maasbree: Foto 17–19
Hempel: Foto 1
Dr. Lammers: Foto 5, 6
Landesschafzuchtverband, Kurhessen: Foto 4
AID „Lammfleisch erzeugen": Zeichnungen 10, 11, 15, 16

Landbuch-Verlag GmbH, Hannover, 1991

Gesamtherstellung: Landbuch-Verlag GmbH, Hannover

ISBN 3 7842 1303 0

(früher erschienen im Albrecht Philler Verlag, ISBN 3 7907 0402 4)

Inhaltsverzeichnis

Bedeutung und Entwicklung der Schafhaltung

Mehr als eine Milliarde Schafe werden weltweit gehalten, das sind tausend Millionen! Mit über sieben Millionen Tonnen Fleisch und 1,5 Millionen Tonnen Wolle im Jahr trägt das Schaf entscheidend zur Ernährung und zum wirtschaftlichen Wohlstand weiter Gebiete unserer Erde bei. Obwohl nur ein verhältnismäßig geringer Teil der Schafe zur Milcherzeugung herangezogen wird, werden jährlich immerhin 350 000 Tonnen Schafskäse produziert!

Natürlich ist die Schafdichte auf der Welt recht unterschiedlich. In Europa gibt es rund 125 Millionen, für die ehemalige Neunergemeinschaft der EWG des Jahres 1975 wurden 52 Millionen Schafe genannt, davon allein 27 Millionen für England, zehn Millionen für Frankreich, acht Millionen für Italien und vier Millionen für Irland. Wenn Sie diese Zahlen addieren, werden Sie feststellen, daß für die restlichen fünf Länder der damaligen EWG nicht mehr allzu viel übrig bleibt. Auch wenn die genannten Zahlen nicht gerade neuesten Datums sind, mögen sie recht interessant sein, denn im Prinzip hat sich wenig geändert. Das gilt auch für die folgenden Vergleichszahlen, die bei der Bundesrepublik aktualisiert wurden; zugrundegelegt wurde für Deutschland ein Bestand von 1 500 000 Schafen.

Setzt man die Zahl der Schafe in ein Verhältnis zur Fläche des Landes, steht auch hier England mit 1,1 Schafen pro Hektar an erster Stelle, gefolgt von Irland (0,61), Italien (0,26) und Frankreich (0,18). In Deutschland sind es ganze 0,06 Schafe pro Hektar. Auf die Zahl der Bevölkerung bezogen übernimmt Irland souverän die Führung mit 1,4 Schafen pro Einwohner. Es folgen England (0,48), Frankreich (0,2) und Italien (0,15). In Deutschland sind es 0,02 Schafe pro Bundesbürger, also ein Zehntel unseres Nachbarlandes Frankreich. Dementsprechend verzehrt ein Ire jährlich 11 kg Schaffleisch, die Briten vertilgen mehr als 7 kg pro Kopf, in Frankreich sind es knapp 4 kg – und in Deutschland ganze 0,7 kg!

Deutschland ist also, was seine Schafhaltung anbelangt, ein Entwicklungsland. Dabei hat sich die Zahl der Schafe nach einem absoluten Tiefstand im Jahre 1966 mittlerweile fast wieder verdoppelt, der Schaffleischkonsum pro Nase sogar statistisch fast vervierfacht! Teilweise sind wohl auch die Bundesbürger langsam auf den Geschmack gekommen, aber den gestiegenen Konsum verdanken wir gewiß nicht zuletzt dem Millionenheer der ausländischen Gastarbeiter und ihren Angehörigen. Schaffleisch ist bei den Deutschen noch immer wenig beliebt: neben den 700 g Schaffleisch pro Nase verdrückt jeder Bundesbürger sage und schreibe 90 kg Rind-, Schweine- und Geflügelfleisch im Jahr! Das schlechte Image des Schaffleisches bei uns ist noch auf die Zeit zurückzuführen, da Schafe vorwiegend der Wolle wegen gehalten und erst geschlachtet wurden, wenn ihr Wollertrag im Alter zurückging. Es ist verständlich, daß solches Schaffleisch minderwertig war. Heute werden bei uns Schafe fast ausschließlich zur Fleischerzeugung gehalten und ganz überwiegend als Lämmer geschlachtet, deren Fleischqualität hervorragend ist. Das aber muß sich offenbar erst allmählich herumsprechen.

Obwohl wir im Verzehr von Schaffleisch also denkbar genügsam sind, könnten wir unseren Bedarf nur zur knappen Hälfte aus eigener Erzeugung decken. Tatsächlich aber werden sogar 85 Prozent unseres Schaffleisches importiert, meist als preisgünstiges Tiefkühlfleisch aus Übersee. Das weitaus meiste bei uns erzeugte Lammfleisch exportieren wir zu unseren Nachbarn, wo es seiner Qualität wegen einen höheren Preis bringt als im eigenen Land. Wir selbst begnügen uns mit preiswertem, tiefgefrorenem Importfleisch!

Wie bereits erwähnt, wurden früher Schafe überwiegend der Wolle wegen gehalten. Deutschland war ein wichtiges Woll-Exportland. Vor reichlich hundert Jahren gab es bei uns noch 28 Millionen Schafe, die eine blühende Tuchindustrie versorgten. Damit ging es aber bald bergab. Die Verbesserung der Transportwege sorgte für einen Importdruck ausländischer Wolle und für sinkende Preise, ebenso die Baumwolle und in jüngerer Zeit die Kunstfasern. Nach dem ersten Weltkrieg gab es in Deutschland noch gut 6 Millionen Schafe. Eine rasch wachsende Bevölkerung, die Mechanisierung der Landwirtschaft, die Erfindung der Mineraldünger und im Vergleich zu den Wollpreisen steigende Preise für Getreide und Hackfrüchte führten zu einem Rückgang der Schafhaltung, bis schließlich nur noch zehn Prozent der bei uns verarbeiteten Wolle im Lande erzeugt wurde. Trotz der Autarkiebestrebungen im dritten Reich ging die Zahl der Schafe immer weiter zurück; 1948 waren es noch 2,5 Millionen, 1966 ganze 800 000. Eine Schafhaltung der Wolle wegen war völlig unwirtschaftlich geworden, keine zehn Prozent der Erlöse aus der Schafhaltung stammen heute aus der Wolle.

Eine Verlagerung der Ertragsstruktur in der deutschen Schafhaltung von der Wolle zum Fleisch war nicht ganz einfach. Stand früher die Qualität und Quantität der Wolle im Vordergrund der Bemühungen, ist es nun die Qualität und Quantität des Lammfleisches, was andere Zuchtziele bedeutet. Dank verbesserter Düngung und chemischer Schädlingsbekämpfung hat sich der Hektarertrag bei Getreide seit dem Ende des zweiten Weltkrieges fast verdoppelt, und moderne landwirtschaftliche Geräte erlauben die Nutzung von Flächen, die früher der Schafhaltung vorbehalten waren.

Noch schlimmer traf die explosionsartige Entwicklung der Lohnkosten die Schafhaltung. Im Gegensatz zu anderen Formen der Landwirtschaft ist bei der traditionellen Hütehaltung der Schafe eine Mechanisierung und damit eine Verringerung der menschlichen Arbeitsleistung kaum möglich.

Auf der einen Seite also verringerte oder im besten Fall stagnierende Erlöse, auf der anderen Seite aber steigende Kosten legen es nahe, andere Formen der Bewirtschaftung zu suchen und Schafweide anderweitig zu nutzen. Der Rückgang der Schafhaltung ist also verständlich. Mittlerweile hat sich allerdings durch verbesserte Erlöse für Lammfleisch und eine Verbesserung der Lammfleischerzeugung pro Mutterschaf die Situation etwas verbessert. Da die Lohnkosten aber weiterhin gestiegen sind, mußten andere Betriebsformen in der Schafhaltung gefunden werden, um sie wieder wirtschaftlich interessant zu machen. Das ist ganz offensichtlich gelungen, denn die Zahl der Schafe hat sich ja seit 1966 nahezu verdoppelt.

Interessanterweise ist die Zahl der Schafe pro Betrieb mit knapp 20 nahezu konstant geblieben, während sie bei allen anderen Haustieren gewaltig gestiegen ist, obwohl die absolute Zahl dieser anderen Haustiere seit Mitte der sechziger Jahre sich nicht wie bei den Schafen verdoppelt hat, sondern meistens sogar geringfügig gesunken ist.

Die einzige Erklärung für diese erstaunliche Tatsache ist ein sprunghaftes Ansteigen der schafhaltenden Betriebe. Bei allen anderen Tierhaltungen ist die Zahl der Betriebe sehr stark zurückgegangen, nicht aber bei den Schafen. Dieser Umstand erklärt sich aus einer Veränderung der Betriebsformen in der Schafhaltung, mit denen wir uns im nächsten Kapitel beschäftigen wollen.

Betriebsformen der Schafhaltung

Das Schaf ist ein ausgesprochenes Herdentier, und die Herde ist die traditionelle Form der Schafhaltung. Grundsätzlich kann man unterscheiden zwischen der Wanderschafhaltung und der standortgebundenen Hütehaltung.

Bei der Wanderschafhaltung zieht der selbständige oder angestellte Schäfer mit seiner Herde und unterstützt von seinen

Hunden über weite Strecken, läßt sie Brachflächen oder im Herbst abgeerntete Felder beweiden, pfercht sie des Nachts ein und hält sie höchstens für zwei Monate während der winterlichen Vegetationsruhe in einem Stall. Die Futterkosten sind bei dieser Betriebsweise sehr niedrig, aber die absolute Schafweide, die nicht anders genutzt werden kann, geht zurück, und die Lohnkosten für den Schäfer steigen, so daß die Zukunftsaussichten für diese traditionsreiche Form der Schafhaltung schlecht sind. Auch fehlt der Schäfernachwuchs, der bereit ist, bei Wind und Wetter mit der Herde durch die Gegend zu zigeunern.

Etwas besser sieht es mit der standortgebundenen Hütehaltung aus. Es haben sich mehrere unterschiedliche Formen entwickelt. Bei der Gutsschäferei hütet der angestellte Schäfer die Herde auf den dafür geeigneten Flächen eines großen landwirtschaftlichen Betriebes. Bei den heutigen Agrarpreisen, den modernen Produktionsverfahren und auf der anderen Seite den hohen Lohnkosten für den angestellten Schäfer ist der Rückgang bei dieser Betriebsform besonders ausgeprägt. Aus den gleichen Gründen steht es auch schlecht um die Gemeinde- oder Genossenschafts-Herden. Die Schafe einer solchen Herde gehören mehreren Besitzern aus einer Gemeinde, werden von diesen im Winter im Stall gehalten und ansonsten von einem angestellten Schäfer auf den Gemeindeflächen gehütet.

Besser sieht es mit den Herden selbständiger Schäfer aus, die auf Pachtland der Umgebung geweidet werden. Eine solche Herde kann ihren Hirten durchaus ernähren, wenn der Pachtpreis günstig ist oder wenn gar aus Gründen der Landschaftspflege ein Zuschuß gezahlt wird. Ähnlich ist es auch bei der Deichschäferei an den Küsten; die weidenden Schafe säubern und befestigen durch ihren Tritt die Dämme. Bei der standortgebundenen Hütehaltung verbringen die Schafe etwa vier Wintermonate in einem Stall. So viel zu der Hütehaltung, auf die trotz rückläufiger Tendenz immer noch mehr als zwei Drittel aller in Deutschland gehaltenen Schafe entfallen, und zwar etwa zu gleichen Teilen auf die Wanderschafhaltung und auf die stationäre Hütehaltung.

Die standortgebundene Hütehaltung ist bereits ein Übergang zu einer zeitgemäßeren Form der Schafhaltung, bei der, und das ist sozusagen der springende Punkt, die menschliche Arbeitskraft auf ein Minimum reduziert wird. Bei dieser Koppelhaltung entfällt das Hüten, die Schafe werden auf eingezäunter Weide gehalten, eine ständige Aufsicht ist nicht mehr notwendig. Vom Arbeitsaufwand her ist diese Form der Schafhaltung ausgesprochen extensiv, auch wenn durch portionsweise Zuteilung der Weidefläche diese wesentlich besser genutzt werden kann und man deshalb oft von einer Intensiv-Haltung spricht. Eine Koppelhaltung von Schafen ist auch gemeinsam oder im Wechsel mit anderen Haustieren, vor allem mit Rindern, möglich.

An sich ist die Koppelschafhaltung nicht an eine bestimmte Betriebsgröße gebunden. Auch bei großen Herden ist sie eine zunehmend interessanter werdende Alternative zur standortgebundenen Hütehaltung. Im Kleinbetrieb aber ist sie neben der gelegentlich bei sehr wenigen Schafen praktizierten Anbindehaltung die einzig zweckmäßige Betriebsform. Bei größeren Herden sind auch Zwischenformen denkbar, wie eine Koppelhaltung im Sommer und eine Hütehaltung im Herbst und z. T. auch im Winter.

Wie bereits erwähnt, entfällt jeweils ein Drittel der in Deutschland gehaltenen Schafe auf die Wanderschafhaltung und auf standortgebundene Herden mit Hütehaltung. Die durchschnittliche Bestandsgröße in der Herdenhaltung liegt bei 300. Bei der Koppelschafhaltung wird die durchschnittliche Bestandsgröße mit 15 Tieren angegeben, daneben unterscheidet die Statistik noch die Einzelschafhaltung mit ein bis vier Schafen, die freilich ebenfalls auf abgegrenzten Koppeln gehalten werden, wenn nicht gerade die Anbindehaltung bevorzugt wird. Fast ein Drittel aller Schafe werden in Deutschland bereits nicht mehr gehütet, sondern hinter Zäunen gehalten.

Nur etwa ein Zehntel unseres gesamten Schafbestandes entfällt auf die Einzelschafhaltung, noch einmal das Doppelte auf die Koppelschafhaltung. Bezogen auf die Anzahl der schafhaltenden Betriebe führt allerdings der Kleinbetrieb mit Einzelschafhaltung um Längen mit gut 70 Prozent, gefolgt von den Betrieben mit Koppelschafhaltung mit mehr als 25 Prozent. Daraus ergibt sich, daß in knapp 5 Prozent der schafhaltenden Betriebe 70 Prozent der Schafe gehalten werden! Die langsame, aber stetige Aufwärtsentwicklung in der Schafhaltung seit 1966 ist vor allem auf die zahlreichen Kleinbetriebe zurückzuführen, die Schafe im Nebenerwerb halten: die Zahl der Betriebe mit Hütehaltung geht zurück, während die Kleinbetriebe mit Koppel- oder Anbindehaltung zunehmen.

Schafe werden häufig im Kleinbetrieb gehalten, um eine ansonsten nicht nutzbare Grasfläche kurzzuhalten, gewissermaßen als „lebende Rasenmäher", etwa in Obstgärten. Anfänger versprechen sich neben der Arbeitserleichterung noch einen wirtschaftlichen Gewinn, wenn sie im Frühsommer Absatzlämmer kaufen, diese während der Vegetationsperiode weiden lassen, im Spätherbst schlachten und im folgenden Frühsommer durch andere Absatzlämmer ersetzen. Der wirtschaftliche Gewinn ist allerdings gering, denn die Nachfrage nach solchen Spiellämmern ist groß, und da die Haltung im Sommerhalbjahr auch dem Züchter wenig Arbeit und Kosten verursacht, sind die Absatz-Lämmer nicht wesentlich billiger als die schlachtreifen Lämmer im Spätherbst. Ein einziges verendetes Schaf oder auch nur eine unerwartete Tierarzt-Rechnung kann sogar leicht zu einem Verlust führen. Das muß man ganz klar sehen und darf sich keinen Illusionen hingeben. Immerhin spart man sich bei dieser Haltungsform neben der täglichen Fütterung im Winter den Stall, die Ernte und Haltbarmachung (Heu, Silage) des Winterfutters. Auch bei der Hobby-Schafhaltung sollte versucht werden, einen Gewinn zu erwirtschaften.

Ihrer besonderen Bedeutung wegen wird auf die Koppelschafhaltung noch in einem eigenen Kapitel eingegangen. Einzige Alternative im Kleinbetrieb ist die bereits mehrfach erwähnte Anbindehaltung, insbesondere bei nur wenigen Schafen und nicht eingezäunter Weidefläche. Die Weidefläche kann dabei sehr präzise zugeteilt werden, allerdings ist in Abhängigkeit von der Länge der Schnur ein häufiges Umpflocken notwendig. Die zweckmäßigste Form der Anbindehaltung ist das sogenannte Tüdern. Zwischen zwei Pflöcken wird ein Laufseil gespannt, entweder dicht über dem Boden oder oberhalb der Kopfhöhe der Schafe. Über das Laufseil wird ein Ring geführt, der durch einen Wirbel mit dem eigentlichen Anbindeseil verbunden ist. Dieses wiederum ist mit einem weiteren Wirbel am Halsband befestigt. Durch die Länge von Laufseil und Anbindeseil kann man dem Schaf eine beliebige Weidefläche beidseits des Laufseils zuteilen. Vor allem ist diese Weidefläche nicht kreisförmig, wie bei einem zentralen Anbinden, sondern hat gerade Seiten, was nach dem Umpflocken ein sauberes Abweiden erleichtert.

Den geringsten Aufwand an Zeit und Geld erfordert natürlich die Sommerweide. Deshalb wird man bemüht sein, die Zeit der Stallhaltung auf ein Minimum zu reduzieren. Eine ganzjährige Stallhaltung ist zumindest im Kleinbetrieb wenig sinnvoll und sei nur der Vollständigkeit halber angeführt.

Schafrassen in Deutschland

Für den Laien sieht ein Schaf wie das andere aus, allenfalls die Heidschnucken sind vielleicht noch als besondere Rasse bekannt. Tatsächlich kann von der Wahl der richtigen Rasse zumindest der wirtschaftliche Erfolg der Schafhaltung abhängen. Selbst wer Schafe nur als Hobby hält, wird nicht umhin kommen, sich einige Gedanken zur geeigneten Rasse zu machen. Wohl gedeihen auch bodenständige Rassen der Küste im Gebirge und umgekehrt Bergschafe an der Küste, aber manches wird einfacher, wenn wir uns für eine Rasse entscheiden, die in unserer Gegend verbreitet ist. Denken wir nur an die Schwierigkeiten, einen geeigneten Bock zu finden.

Muß es denn unbedingt eine bestimmte Rasse sein? Nein, nicht unbedingt. Klammert man einmal einige Landschafrassen, wie die Heidschnucken, aus, sind Kreuzungsschafe sogar manchmal durch Kombination der Erbanlagen ihrer Eltern besonders interessant, ohne sich allzu sehr von deren Erscheinungsbild zu unterscheiden. Robuste, anspruchslose Landschafrassen können diese Eigenschaften als Elterntiere ebenfalls in eine Kreuzung einbringen, auch nimmt man gern den Bock einer kleinen Rasse wie die Heidschnucken zum Decken, um bei Erstlammung den jungen Schafen wegen der dann kleineren Lämmer den Geburtsvorgang zu erleichtern. Ausführlicher auf gezielte Kreuzungen wird in Verbindung mit der Zucht eingegangen. Da es aber schwierig ist, Kreuzungsschafen pauschal bestimmte Eigenschaften zuzuschreiben, wollen wir uns in diesem Kapitel auf die bekanntesten Rassen beschränken.

Wie bereits erwähnt befindet sich die Schafhaltung in einem Strukturwandel, der durch den zumindest teilweisen Übergang von der Hütehaltung zur Koppelhaltung und von der Verlagerung des Ertrags-Schwerpunktes von der Wolle zur Fleischerzeugung geprägt ist.

Die traditionelle Rolle des Schafes als Wolllieferant hat über viele Jahrhunderte hinweg die meisten unserer Schafrassen geformt, die Verbesserung der Wolleistung stand im Mittelpunkt der züchterischen Bemühungen. Insbesondere Spanien mit den Merino-Schafen, aber auch Frankreich und Deutschland durch deren Weiterentwicklung haben sich Verdienste um das Wollschaf erworben, während die Hochburg der Fleischschafrassen in England liegt. Die schwarzköpfigen Fleischschafe gehen auf das Southdown-Schaf zurück, viele weißköpfige Fleischschafe stammen von dem Leicester-Schaf ab.

Auch Rassen, die ursprünglich vor allem des Wollertrags wegen gezüchtet wurden, werden allmählich hinsichtlich ihres Fleischertrags verbessert. Dieser Fleischertrag wird vor allem durch zwei Faktoren bestimmt: dem erreichbaren Gewicht der Schlachtlämmer im Spätsommer und der durchschnittlichen Zahl der Lämmer pro Mutterschaf. Auch davon später mehr;

Abb. 1 Merino-Fleischschaf

Abb. 2 Merino-Landschaf

diese beiden Faktoren sind jedenfalls bei der Auswahl einer geeigneten Rasse sehr wichtig.

Merinoschafe

Merinoschafe haben mit Abstand die beste Wollqualität unter den deutschen Schafrassen, was aber heute nur noch eine geringe Bedeutung hat. Wir unterscheiden zwei getrennte Rassen:

1. Merino-Fleischschaf. Es wird seit 1933 nach einheitlichem Standard gezüchtet, seine Bedeutung geht aber immer mehr zurück. Zu finden ist es vor allem in Niedersachsen, sein Anteil am deutschen Schafbestand ist unter drei Prozent gesunken.

2. Merino-Landschaf. Ursprünglich ist das Merino-Landschaf im vergangenen Jahrhundert aus der Kreuzung von Merino-Schafen mit robusten deutschen Landschaf-Rassen entstanden. Es wiegt etwa so viel wie das Merino-Fleischschaf und gilt als anspruchsloses, robustes Gebrauchsschaf. Mit 40 Prozent ist es in Deutschland das verbreitetste Schaf, was vor allem daran liegt, daß die großen süddeutschen Herden tradi-

Abb. 3 Weißköpfiges Fleischschaf

tionell fast ausschließlich aus Merino-Landschafen bestehen. Dennoch geht sein Anteil allmählich zurück, was vor allem, ebenso wie bei dem Merino-Fleischschaf, an der späten Zuchtzulassung liegen dürfte. Auf lange Zeit wird es aber noch die häufigste deutsche Schafrasse sein.

Fleischschafe

Im Gegensatz zu den Merinoschafen haben die Fleischschafe eine gröbere Wolle und sind überwiegend auf ihre Fleischleistung hin gezüchtet worden. Das bedeutet aber nicht unbedingt, daß ein Fleischschaf mehr wiegt als ein Merinoschaf, im Gegenteil erreichen ältere Merinoböcke sogar Rekordgewichte, zumal hier durch züchterische Maßnahmen Verbesserungen erzielt wurden. Die Schlachtkörper-Qualität von Fleischschafen gilt aber als besser. Dazu später mehr.

1. Weißköpfiges Fleischschaf. Es ist vor allem in den norddeutschen Küstengebieten zu finden und ist sehr frohwüchsig, so daß die Jährlingsschafe das höchste Gewicht erreichen. Obwohl es auch aus anderen Gründen für die Koppelhaltung interessant ist (Frühreife), geht sein Marktanteil langsam zurück und liegt bei acht Prozent.

2. Schwarzköpfiges Fleischschaf. Im Nordwesten löst es das Merino-Landschaf als verbreitetes Herdenschaf ab. Sein Marktanteil liegt bei 25 Prozent, es ist zwischen Hessen, dem Rheinland und Schleswig-Holstein zu finden. Das schwarzköpfige Fleischschaf ist frohwüchsig, von guter Schlachtkörperqualität und robust, aber verhältnismäßig spätreif.

Abb. 4 Schwarzköpfiges Fleischschaf

Abb. 5 Texelschaf

3. Texelschaf. In verhältnismäßig kurzer Zeit hat das Texelschaf, das erst ab 1962 bei uns zu finden ist, sich einen beachtlichen Marktanteil von acht Prozent erobert und ist dabei, das bei uns traditionsreiche weißköpfige Fleischschaf zu überholen. Dem Texelschaf werden insbesondere für die Koppelschafhaltung alle erwünschten Eigenschaften nachgesagt. Es gilt als frühreif, frohwüchsig und fruchtbar, obwohl die letztere Eigenschaft bei einer Auswertung der Ablammergebnisse eher unter als über dem Durchschnitt zu liegen scheint. Unbestritten ist die besonders gute Schlachtkörper-Qualität.

Milchschafe

Nur eine Schafrasse wird bei uns wegen ihrer Milchleistung gehalten, und sie ist es wert, gerade wegen ihrer Eignung für den Kleinbetrieb besonders hervorgehoben zu werden: das Ostfriesische Milchschaf. Ihm ist in diesem Büchlein ein eigenes Kapitel gewidmet. Hier sei nur festgestellt, daß es über seine Milchleistung hinaus auch in anderer Hinsicht durchaus konkurrenzfähig ist. Wohl entspricht seine Schlachtkörper-Qualität nicht ganz jener der Fleischschafrassen, aber es ist die Rasse mit dem eindeutig höchsten Ablammergebnis und überdies frühreif. Dennoch hat es nur einen Marktanteil von zwei Prozent, da viele Halter sich nicht mit dem Melken befassen wollen oder können. Vielleicht erlebt es noch einmal eine Renaissance.

Landschafe

Es gibt mehrere bodenständige Landschafrassen, die zusammen auf etwa drei Prozent Marktanteil kommen und damit wirtschaftlich keine große Rolle spielen. Die bekannteste und am weitesten verbreitete Rasse sind die Heidschnucken, die wohl außerhalb ihrer eigentlichen Heimat vor allem wegen ihres

Abb. 6 Milchschaf

2*

Abb. 7 Heidschnucken

wildartig-ursprünglichen Aussehens und ihrer sprichwörtlichen Anspruchslosigkeit geschätzt werden. Obwohl Gewicht und Schlachtkörper-Qualität der Lämmer wesentlich verbessert werden konnten, liegen sie doch kaum über 50 Prozent des Schlachtgewichts der Nutzrassen. Dafür gilt das wildbretartige Fleisch als besonders wohlschmeckend. Wildartig ist auch das Temperament der Heidschnucken. Die Fruchtbarkeit ist gering.

Das Bergschaf ist etwas größer und wesentlich fruchtbarer, aber ähnlich anspruchslos und sieht nicht so urig aus. Sein Marktanteil liegt bei einem Prozent, damit ist es neben der Heidschnucke das einzige Landschaf, das noch in einer erwähnenswerten Größenordnung gehalten wird.

Nur der Vollständigkeit halber seien noch das Leineschaf, das Rhönschaf und das Bentheimer Landschaf aufgeführt. Soweit sie noch nicht durch Einkreuzungen ihren ursprünglichen Charakter verloren haben, kommen sie als Wirtschaftsrasse ebensowenig in Betracht wie die anderen Landschafe, wohl aber in ihrer Heimat für eine Hobby-Haltung. Interessant können Landschafe dank ihrer Anspruchslosigkeit dann sein, wenn es gilt, sehr karge Böden zu beweiden.

Rasse	Schlachtlämmer (kg)	Erstzulassung (Monate)	Fruchtbarkeit (Prozent)
Merino-Fleischschaf	50	12–18	180–190
Merino-Landschaf	50	12–18	150–180
Weißk. Fleischschaf	55	6– 7	170–180
Schwarzk. Fleischschaf	50	10–14	150–160
Texel-Schaf	50	8	160–170
Milchschaf	50	6	200–220
Heidschnucke	30	18	100–120

Die in der Tabelle aufgeführten Vergleichswerte sind mit einer gewissen Vorsicht zu genießen; es handelt sich um ge-

Abb. 8 Bergschafe

hobene Durchschnittswerte, die im Kleinbetrieb durchaus erreichbar sind. Unberücksichtigt blieb bei der Rassenbeschreibung die vor allem den in Herden gehaltenen Rassen eigene, von der Jahreszeit unabhängige Brunst, die eine Verlegung des Ablammtermins ermöglicht. Im Kleinbetrieb dürfte aber die übliche Frühjahrslammung die beste Lösung sein.

Klammert man einmal das Milchschaf aus, das wegen seiner zusätzlichen Nutzungsmöglichkeit ohnehin eine Sonderstellung einnimmt, dann ergibt sich aus der Tabelle die besonders gute Eignung des Weißköpfigen Fleischschafes und des Texelschafes zur Koppelhaltung im Kleinbetrieb. Im zeitigen Frühjahr geborene weibliche Lämmer können schon im Spätsommer zugelassen werden, so daß ein volles Jahr eingespart wird, wenn man die naheliegende Frühjahrslammung bevorzugt. Es sind dies aber auch die anspruchsvollsten Rassen, die ihre hervorragenden Eigenschaften nur bei guten Verhältnissen erbringen. So sagt man etwa dem Texelschaf nach, oft schwer zu lammen und deshalb besonderer Pflege zu bedürfen.

Am besten wird es sein, sich mit dem zuständigen Landesschafzucht-Verband in Verbindung zu setzen und sich über die regional am besten geeignete Rasse beraten zu lassen.

Lohnt sich die Schafhaltung?

Eine wichtige, vielleicht sogar die entscheidende Frage. Vorab sei festgestellt, daß hier nur vom wirtschaftlichen Nutzen gesprochen wird. Jeder, der ein Tier hält oder gar züchtet, kann daraus ja auch einen ideellen Gewinn ziehen. Meistens verbinden wir mit der Vorstellung vom ideellen Nutzen einer Tierhaltung Haustiere, die nicht unserer Ernährung dienen, oft auch keinerlei praktischen Nutzen haben. So fühlen wir uns einem Hund oder einem Pferd eng verbunden, auch einer Katze, einem Kanarienvogel oder vielleicht sogar einer weißen Maus. Gewiß ist es schwieriger, ähnliche Gefühle für ein Tier zu entwickeln, daß wir halten, um es irgendwann einmal zu schlachten und aufzuessen, aber gerade bei einer Schafhaltung im Kleinbetrieb kann der ideelle Nutzen durchaus groß sein. Insbesondere Kinder freuen sich an Spiellämmern, und Haltung, Pflege und Zucht einiger weniger Schafe verhelfen zu einer individuelleren Beziehung als eine große Herde. Solche ideellen Werte entziehen sich aber einer vergleichenden und allgemeingültigen Betrachtung und sollen deshalb unberücksichtigt bleiben.

Nur beiläufig sei in diesem Kapitel auch der indirekte wirtschaftliche Nutzen erwähnt, der sich oft aus der Schafhaltung ergibt und gerade im Kleinbetrieb der Grund zur Schafhaltung sein kann. Wenn unsere Schafe das Gras im Obstgarten kurzhalten, ersparen sie uns damit die Arbeit des Mähens, was ja durchaus ein wirtschaftlicher Vorteil ist. Von den Nebenprodukten der Schafhaltung wird noch an anderer Stelle die Rede sein, von der Wolle also, aber auch vom Schafmist und dessen überragender Düngerwirkung. Ebenso wird noch an anderer Stelle auf die Schafmilch und ihre Folgeprodukte eingegangen, die allerdings nur bei Milchschafen anfällt.

Auch wer Hobby-Tiere, wie Hunde, Katzen oder Goldfische züchtet, wird bemüht sein, seine Nachzucht zu verkaufen und dadurch seine Kosten zu verringern, vielleicht sogar einen kleinen Gewinn zu erzielen. Die Grundlage für eine wirtschaftliche Schafhaltung ist die Zucht. Der Kauf von Absatzlämmern im Frühjahr und der Verkauf der ausgemästeten Lämmer im Spätherbst wird kaum zu einem Gewinn führen, da, wie erwähnt, die Absatzlämmer unverhältnismäßig teuer bezahlt werden müssen. Allenfalls könnten der ideelle Nutzen, der indirekte Vorteil oder die Nebenprodukte ein Grund sein, sich für diese Art der Schafhaltung zu entscheiden.

Auch bei der Schafhaltung gilt das kaufmännische Prinzip „Erlöse minus Kosten gleich Gewinn". Sind die Kosten höher als der Erlös, wird aus dem Gewinn ein Verlust. Der Gewinn wird höher, der Verlust geringer, wenn es gelingt, die Erlöse zu verbessern und die Kosten zu senken.

Die Erlöse lassen sich bei der Schafhaltung sehr einfach erfassen. Sie bestehen nämlich zu mindestens 90 Prozent aus dem Verkauf der Lämmer bzw. der auszumerzenden Altschafe. Natürlich spielt es dabei keine Rolle, ob wir ein Lamm verkaufen oder selbst für den eigenen Bedarf schlachten. Eine gewisse Steigerung des Erlöses ist möglich, wenn Lämmer aus besonders leistungsfähigen Beständen, etwa registrierten Herdbuchtieren, nicht als Schlachttiere, sondern als Zuchttiere verkauft werden. Ein Zuchttier ist immer teurer als ein Schlachttier, der Aufpreis ist freilich sehr unterschiedlich. Oft spielt die Liebhaberei bei der Preisbildung hinein, und ein guter Auktionsbock kann das Mehrfache seines Schlachtwertes erbringen. Unsere Wirtschaftlichkeits-Betrachtungen sollen aber vom reinen Schlachtwert ausgehen, da die für Zuchttiere erzielbaren Preise zu unterschiedlich und ungewiß sind.

Der Erlös für Schlachttiere richtet sich nach Qualität und Quantität des Fleisches. Zunächst zur Quantität: unser Ziel ist es, pro Muttertier möglichst viele Lämmer aufzuziehen, die dann rasch an Gewicht zulegen. Sowohl die Fruchtbarkeit als auch die Frohwüchsigkeit ist genetisch veranlagt — mehr darüber, wie eine Steigerung der Quantität erreichbar ist, erfahren Sie im Kapitel „Die Zucht".

Was die Qualität anbelangt, so ist einleuchtend, daß ein alter, ausgemusterter Bock oder ein betagtes Mutterschaf einen geringeren Kilopreis erbringen als ein zartes Lamm. Deshalb wird Schaffleisch zunächst einmal in fünf Kategorien eingeteilt:

Milchlammfleisch (M) ist das Fleisch von höchstens sechs Monate alten Lämmern, die ohne Kopf, Füße und Schwanz, ausgenommen und abgehäutet, maximal 22 kg wiegen.

Mastlammfleisch (L) ist das Fleisch von maximal zwölf Monate alten Lämmern.

Hammelfleisch (H) stammt von kastrierten männlichen oder nicht zur Zucht verwendeten weiblichen Tieren, die jeweils nicht älter als zwei Jahre sind.

Schaffleisch (S) kommt von kastrierten männlichen Tieren, die älter als zwei Jahre sind, und von weiblichen Zucht-Tieren.

Bockfleisch (B) ist von unkastrierten, über zwölf Monate alten männlichen Tieren.

Damit aber nicht genug, gibt es neben den Kategorien auch noch sogenannte Handelsklassen. Ein Kilo Mastlammfleisch kann aus Haut und Knochen bestehen, aber auch aus zartem

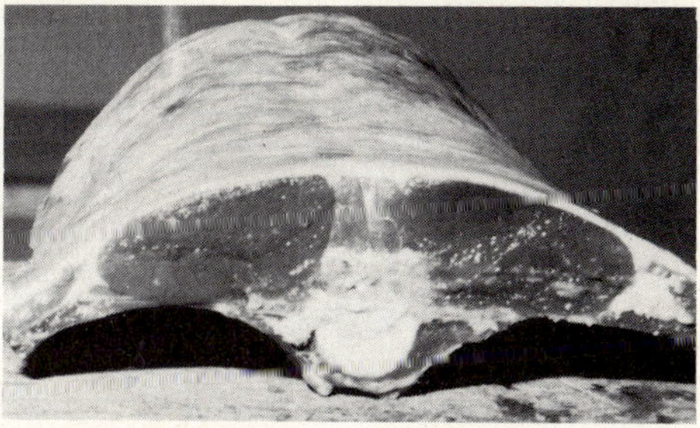

Abb. 9a
Beste Schlachtkörper-Qualität mit geringem Fettansatz

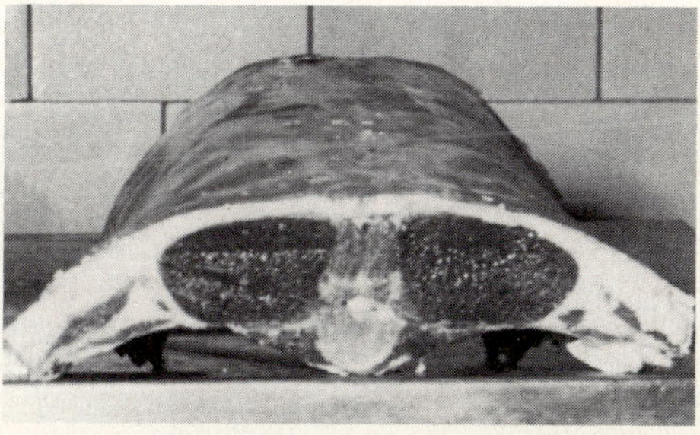

Abb. 9b
Zu hoher Fettansatz

Muskelfleisch mit geringem Fettansatz. Es gibt die Handelsklassen E, I, II und III, wobei die wertbestimmenden Körperpartien, wie Keulen, Rücken, Bug und Kamm über die Einstufung entscheiden. Diese Handelsklassen sind verbindlich anzuwenden, eine weitere Unterteilung der Klassen E und I nach dem Fettansatz ist zulässig nach g (gering), m (mittel) und s (stark). Das teuerste und beste Schaffleisch hätte danach also die Kategorie M und die Handelsklasse Eg. Einzelheiten über die Richtlinien und Maßstäbe zur Handelsklassen-Einstufung können über den zuständigen Landesschafzuchtverband erfragt werden. Da die Preisunterschiede bei den einzelnen Handelsklassen beachtlich sind, lohnt es sich schon, züchterisch eine Verbesserung der Schlachtkörperqualität anzustreben. Die Kategorien spielen nur insofern eine Rolle, als je nach den Umständen und dem Marktpreis die Lämmer als Milch- oder als Mastlamm verkauft werden; nur gelegentlich wird ein auszumerzendes Altschaf verkauft, die Kategorien H und B sind im Kleinbetrieb bedeutungslos.

Unsere Ziele für optimale Erlöse lassen sich vielleicht auf den folgenden Nenner bringen: wir streben ein Ablammergebnis von 200 Prozent an; die Lämmer sollten im Alter von sechs Monaten bereits 50 kg wiegen (Gewicht des Schlachtkörpers ohne Kopf knapp 50 Prozent des Lebendgewichts); die Schlachtkörperqualität sollte möglichst der Handelsklasse E entsprechen.

So viel zu den Faktoren, die die Erlöse bestimmen. Komplizierter wird es bei der Ermittlung der Kosten. Wohl gibt es dazu wunderschöne Modellrechnungen, aber die sind bei einer Haltung im Kleinbetrieb nur sehr bedingt anwendbar.

Ausklammern sollte man von Anfang an die Arbeitskosten. Bei einer geringen Bestandsgröße im Kleinbetrieb ist wohl der anteilige Arbeitsaufwand pro „Produktionseinheit“, also pro Mutterschaf, relativ hoch, absolut aber sehr gering. Selbst wenn man die Arbeitszeit exakt erfassen würde, bliebe die Frage nach einem angemessenen Stundenlohn.

Noch schwieriger ist es, anteilige Kosten für die festen Einrichtungen anzusetzen, also für die Einzäunung, den Stall, dessen Einrichtung und die Unterhaltung. Können vorhandene Gebäude verwendet werden, die andernfalls leerstehen würden, sind die Kosten minimal. Das gleiche gilt für die Umzäunung. Müssen hingegen Stall und Zaun neu errichtet werden, ist selbst dann lange Jahre kein Gewinn zu erwarten, wenn man sich für eine möglichst einfache Bauweise entscheidet und viel Eigenarbeit leistet. Die Verhältnisse sind also im Einzelfall derart unterschiedlich, daß sie ausgeklammert werden müssen. Die Aufwendungen können dann später in eine individuelle Kostenrechnung eingebaut werden.

Der Hauptkostenfaktor ist zweifellos das Futter. Die weitaus billigste Futterperiode im Jahresablauf ist die Weide auf der Koppel im Sommer und Herbst. Daraus ergibt sich ein anzustrebender Ablammtermin im März, so daß möglichst bald die Mutterschafe mit ihren Lämmern den Winterstall mit der Sommerweide vertauschen können. Hier wachsen die Lämmer heran und werden im Herbst, wenn der Ertrag der Weide immer geringer wird, verkauft.

Es hat wenig Zweck, mit absoluten Zahlen zu operieren, denn diese sind allzu starken Schwankungen unterworfen. Einigermaßen konstant bleibt hingegen das prozentuale Verhältnis zwischen Erlösen und Kosten — mit allen Vorbehalten natürlich. Wir streben zwei Lämmer pro Mutterschaft mit einem Verkaufsgewicht von zusammen 100 kg an. Zu dem Erlös kommt ein Anteil von etwa 10 Prozent aus dem Verkauf auszumerzender Mutterschafe. Der Gesamt-Fleischerlös sei mit 100 Prozent angesetzt. Darauf werden nun die Kosten bezogen, wobei vorausgesetzt wird, daß der hoch angesetzte, im Kleinbetrieb aber erreichbare Soll-Erlös auch wirklich erzielt wird. Andernfalls ist von diesen Sollwerten bei der Kostenkalkulation abzugehen.

Das Futter (Kraftfutter und Grundfutter in dem Stall und auf der Weide für Mutterschafe und Lämmer) summiert sich auf etwa 35 Prozent der Soll-Erlöse. Hinzu kommen Nebenkosten für die Bocktaxe, die Schur, Medikamente, Tierarzt, Parasitenbekämpfung, den Zinsen für das in die Mutterschafe investierte Kapital, für Versicherungen, Ausfälle und Beiträge, insgesamt reichlich zehn Prozent der Soll-Erlöse. Daraus ergibt sich dann scheinbar der überaus erfreuliche Gewinn von mehr als 50 Prozent!

Tatsächlich ist die Situation natürlich nicht ganz so erfreulich. Zunächst einmal sei daran erinnert, daß die Kosten für die eigene Arbeit ebensowenig in dieser Kalkulation enthalten sind wie jene für den Stall und die Einzäunung, und auch wenn wir beide aus gutem Grund zunächst aus unserer Kostenrechnung ausgeklammert haben, müssen sie in irgendeiner Form in die individuelle Kalkulation aufgenommen werden. Selbst im günstigsten Fall verschlechtern sie das schöne Bild beträchtlich.

Schlagartig schlechter sieht es aus, wenn die hoch angesetzten Soll-Erlöse nicht erreicht werden, denn die Kosten werden davon nur sehr geringfügig beeinflußt.

Selbst wenn aber diese Umstände außer Betracht gelassen werden, ist der absolute Gewinn wesentlich weniger eindrucksvoll als der prozentuale. Ein Schaf ist eine recht kleine „Produktionseinheit" im Vergleich etwa zu einer Kuh. Auch wenn bei der Kuh der prozentuale Gewinn geringer sein mag, bleibt in absoluten Zahlen unter dem Strich doch ein höherer Gewinn übrig. Um auf den gleichen Gewinn zu kommen, müssen wir also mehr Schafe halten, nicht ohne Grund ist die kopfstarke Herde die klassische Form der Schafhaltung. Wir aber beschäftigen uns in diesem Büchlein ja mit der Schafhaltung im Kleinbetrieb.

Ist die Schafhaltung also unwirtschaftlich? Zur Beantwortung dieser Frage müssen wir vergleichbare Nutzungsformen für die vorhandene Fläche betrachten. Vergleichbar ist eigentlich nur die Rindermast, und hier liegt der erreichbare flächenbezogene Gewinn auch tatsächlich in der gleichen Größenordnung. Bei der Schafhaltung sind aber geringere Kapital-, Gebäude- und Arbeitskosten zu investieren. Die Modellrechnungen der Literatur stimmen darin überein, daß bei vorhandenen Gebäuden durch die Schafhaltung trotz eines geringeren Kapital- und Arbeitseinsatzes sogar ein höherer Gewinn erwirtschaftet werden kann als in der Bullenmast. Noch mehr trifft das natürlich zu, wenn der vorhandene Stall wohl für Schafe ausreicht, nicht aber für Rinder!

Etwas besser als die Schafhaltung schneidet im allgemeinen die Milchkuhhaltung ab, wobei ebenfalls unterstellt wird, daß in beiden Fällen die gleichen Gebäude benutzt werden. Der höhere Gewinn ist allerdings nur durch einen ungleich größeren Arbeitseinsatz zu erwirtschaften, so daß beide Betriebsweisen schlecht miteinander verglichen werden können.

Natürlich kann man das für die Schafe vorgesehene Grünland auch umbrechen und mit Getreide oder mit Hackfrüchten bestellen, sofern nicht bestimmte Gründe (z. B. Hanglage) dagegen sprechen. Im allgemeinen wird der erzielbare Gewinn auf mittleren und schlechten Böden in der Schafhaltung höher sein, aber die Erlöse hängen sehr stark von der Verkaufsfrucht ab.

Zusammenfassend läßt sich feststellen, daß die Koppelschafhaltung sich auch wirtschaftlich durchaus lohnt, daß sie mit anderen Nutzungsformen konkurrieren kann. Ihr wesentlicher Vorteil ist der geringe Arbeitsaufwand. Der aus den Nebenprodukten erwachsende Nutzen wurde dabei nicht einmal berücksichtigt.

Die Futterfläche

Das Vorhandensein einer geeigneten Weidefläche ist im Kleinbetrieb die Voraussetzung zur wirtschaftlichen Schafhaltung. Früher glaubte man sogar, das Schaf müßte unbedingt weiden, könnte also nicht wie Kuh oder Ziege ganzjährig im Stall gehalten werden. Dank moderner Haltungs- und Fütterungsmethoden trifft das heute nicht mehr zu, und es gibt tatsächlich schon vereinzelt Betriebe, in denen durch eine ganzjährige Stallhaltung über ein häufigeres Ablammen und eine kontrollierte Lämmermast ein höherer Erlös angestrebt wird. Die Haltung von Schafen auf Koppeln hat jedoch gegenüber anderen Formen der Tierhaltung den großen Vorteil, sehr arbeits-extensiv betrieben werden zu können; Schafe weiden mindestens acht Monate im Jahr und verlangen in dieser Zeit nur einen minimalen Arbeitsaufwand. Dieser Vorteil wiegt im Kleinbetrieb, in dem die Schafe keinen entscheidenden Anteil am Gesamteinkommen haben und gewissermaßen „nebenbei" gehalten werden, besonders schwer. Bei einer ganzjährigen Stallhaltung verzichtet man auf diesen Vorteil und muß täglich füttern und misten (über die verschiedenen Möglichkeiten der Stallhaltung später mehr). Außerdem ist die Bergung und Aufbereitung des Futters zu Heu und Silage arbeitsintensiv, und es treten höhere Verluste auf. Auch wenn man im Sommer auf eine Haltbarmachung des Futters verzichtet und es frisch verfüttert, muß täglich gemäht werden. Nein, eine ganzjährige Stallhaltung ist zumindest im Kleinbetrieb wenig sinnvoll, ohne Weidefläche geht es nicht.

Was ist eine „geeignete" Weide? Die Genügsamkeit des Schafes ist geradezu sprichwörtlich. Es gedeiht auch noch auf Ödflächen und Brachland, das anderen Haustieren keine Ernährungsgrundlage mehr bietet. Das liegt daran, daß es besser in der Lage ist, rohfaserreiches Rauhfutter mit geringem Nährwert zu verarbeiten. Der Darm des Schafes hat die 25fache

Körperlänge (Rind 20fache Körperlänge, Pferd 12fache Körperlänge). Zu Zeiten, da das Schaf vor allem der Wolle wegen gehalten wurde, war seine Haltung nur auf Flächen mit „absolutem“ Schaffutter rentabel, das sind Flächen, die anderweitig nicht wirtschaftlich genutzt werden können. Nach dem Rückgang der Schafhaltung durch die sinkenden Wollpreise wurden viele derartige Grenzertragsböden nicht mehr beweidet und verwahrlosten rasch. Um ein Verwildern solcher Flächen zu verhindern, hat man in jüngerer Zeit zunehmend die Bedeutung des Schafes zur Landschaftspflege erkannt; teilweise werden heute Herden vor allem deswegen gehalten, um auf Brachflächen den Bewuchs abzuweiden und auf diese Weise ein Verwildern zu verhindern. Bekannt ist das Beispiel der Heidschnuckenherden in der Lüneburger Heide, aber auch auf kleinen Flugplätzen oder auf Truppenübungsplätzen dienen Schafe der Landschaftspflege. Es ist also kaum eine Fläche mit niedrigem Bodenbewuchs denkbar, die nicht als Schafweide dienen könnte.

So weit die eine Seite. Die andere Seite sieht allerdings so aus, daß bei schlechter Weidequalität nur wenige Schafe pro Flächeneinheit gehalten werden können und deshalb bei einer Koppelhaltung unverhältnismäßig große Flächen eingezäunt werden müssen. Auch dann aber wird der Fleischertrag enttäuschen. Besonders anspruchslose, genügsame Landschafrassen, wie die erwähnten Heidschnucken, erreichen nur das halbe Gewicht der hochgezüchteten Fleischschafrassen, sind spätreif und haben ein Ablammergebnis, das kaum über 100 Prozent liegt. Die hohen Ziele einer Koppelschafhaltung, also Frühreife, gute Schlachtkörperqualität, ein Gewicht der Lämmer von 50 Kilo im Alter von sechs Monaten und eine Ablammquote von 200 Prozent sind ohne teure Kraftfuttergaben nur auf guten Weiden erreichbar. Eine für die Koppelschafhaltung geeignete Weide muß also „gut“ sein.

Gut ist eine Weide, die viel Futter hoher Qualität produziert. Der Nährwert von Futter wird in Kilostärke-Einheiten (KStE) ausgedrückt. In den beiden folgenden Tabellen ist ein Nährstoff-Nettoertrag zwischen 1 500 KStE und 5 500 KStE berücksichtigt, jeweils bezogen auf einen Hektar (10 000 Quadratmeter). Tabelle 1 gibt die Besatzstärke in Abhängigkeit von der Weidequalität an. Es ist das die Zahl der Mutterschafe, die auf einem Hektar samt Nachwuchs gehalten werden können, wobei das Winterfutter gleichfalls vo n dieser Fläche geerntet wird. Natürlich richtet sich die Besatzstärke auch nach der Zahl der Lämmer, die die Fläche mitbeweiden. Deshalb ist in der Tabelle eine Ablammquote zwischen 140 und 200 Prozent berücksichtigt. Nicht besonders berücksichtigt wurde die Tatsache, daß auf minderwertigen Futterflächen selbst bei an sich fruchtbaren Rassen die Ablammquote zurückgeht und die Lämmer nicht das angestrebte Verkaufsgewicht im Alter von etwa sechs Monaten erreichen. Bei mittleren bis guten Weiden kann man eine durchschnittliche Besatzstärke zwischen zehn und zwölf Mutterschafen annehmen, auf Grenzertragsböden sind es gelegentlich nur zwei, auf bester Weide bis zu 15 Mutterschafe.

Tabelle 1: Besatzstärke Mutterschafe/ha

Ablammquote	140 %	160 %	180 %	200 %
Futterflächenertrag in KStE	Zahl der Mutterschafe pro Hektar			
schlecht (1500)	4,4	4,2	4,0	3,8
mäßig (2500)	7,3	7,0	6,7	6,4
mittel (3500)	10,2	9,8	9,4	9,0
gut (4500)	13,1	12,6	12,1	11,6
bestens (5500)	16,0	15,4	14,8	14,2

Noch eindrucksvoller ist vielleicht Tabelle 2. Sie gibt an, wieviel Kilogramm Fleisch in Abhängigkeit von der Weidequalität jährlich auf einem Hektar erzeugt werden können. Dabei

Tabelle 2: Fleischertrag in kg/ha

Ablammquote	140 %		160 %		180 %		200 %	
Futterflächen-ertrag in KStE	Fleischertrag in Kilogramm pro Hektar							
	L*	S*	L	S	L	S	L	S
schlecht (1500)	288	67	322	66	350	65	372	64
mäßig (2500)	480	112	539	108	592	104	639	100
mittel (3500)	672	157	756	151	834	145	906	139
gut (4500)	864	202	973	195	1076	187	1174	180
bestens (5500)	1056	247	1190	240	1318	232	1441	223

* L = Lammfleisch, S = anteiliges Gewicht auszumerzender Altschafe; Lämmer 47–50 kg, Altschafe 75–85 kg

wurde getrennt zwischen dem höher bezahlten Lammfleisch und dem anteiligen Fleisch der auszumerzenden Altschafe. Zugrundegelegt wurde dabei ein fünfjähriger Umtrieb, d. h. die Schafe werden im Alter von fünf Jahren geschlachtet. In diesem Alter sollten sie fünfmal gelammt haben, was voraussetzt, daß es sich um eine frühreife Rasse handelt, bei der die Schafe mit etwa sieben Monaten erstmals gedeckt werden können. Andernfalls müssen die Schafe mit sechs Jahren ausgemerzt werden. Ihr Gebiß ist dann noch einwandfrei, so daß Rauhfutter gut verwertet wird, und die Fruchtbarkeit ist noch nicht zurückgegangen. Beide Tabellen basieren auf Angaben des empfehlenswerten „Lehrbuches der Schafzucht", das im Anhang aufgeführt ist.

Die verfügbare Fläche wird begrenzt sein, so daß es darauf ankommt, sie so weit zu verbessern, daß über eine hohe Besatzstärke ein optimaler Fleischertrag erzielt werden kann. Neben der Art der Weideführung, mit der wir uns im nächsten Kapitel beschäftigen werden, kann der Ertrag durch gute Pflege und durch Düngung wesentlich beeinflußt werden.

Es ist naheliegend, daß das beste Grünland im Ertrag rasch zurückgeht, wenn dem Boden durch den Bewuchs laufend Nährstoffe entnommen werden, die nicht wieder zurückfließen.

Nur wenn die verbrauchten Nährstoffe ersetzt werden, bleibt die Ertragsfähigkeit des Bodens erhalten.

Die Düngung der Schafweide muß unter Berücksichtigung der Besatzstärke erfolgen. Wird zu wenig gedüngt, wirkt sich das direkt auf den Ertrag aus, außerdem wird die Grasnarbe zu tief verbissen. Umgekehrt hat eine zu starke Düngung im zeitigen Frühjahr zur Folge, daß zu einer Zeit, da die Lämmer noch nicht abgesetzt sind und demzufolge einen geringen Rauhfutterbedarf haben, ein gewaltiger Futterberg vorhanden ist, der nicht genutzt werden kann. Dann wurde nicht nur der teure Dünger verschwendet, sondern die Grasnarbe leidet gleichfalls, weil das Gras blüht und sich deshalb weniger bestockt. Der Anteil an Ballaststoffen nimmt bei altem Gras zu, der Nährwert geht zurück. Richtig ist eine Bewuchshöhe, die ganz grob zwischen 15 und 25 Zentimetern liegt; es dürfen sich noch keine Ähren und Rispen ausgebildet haben.

Die richtige Düngung ist eine Wissenschaft für sich. In der Lehrmeister-Bücherei gibt es einige Bände, die dieses Thema ausführlicher behandeln, als es an dieser Stelle möglich ist. Eine Schlüsselrolle kommt dem Stickstoff zu. Wohl führen hohe Stickstoffgaben zu einem sehr artenarmen Bewuchs, aber auch zu einer erhöhten Eiweiß-Produktion, die sich unmittelbar auf die Nährstoffmenge und damit auf den erzielbaren Fleischertrag auswirkt. Die erforderliche Stickstoffmenge ist unterschiedlich, kann aber auf weit über 200 kg/ha steigen. Verhältnismäßig narrensicher ist eine Gabe von 150 kg Volldünger/Hektar, der neben Stickstoff noch die gleichfalls benötigten Phosphor- und Kali-Dünger enthält.

Manche an sich sehr wertvollen und von den Schafen bevorzugten Weidegewächse, wie Klee, leiden unter hohen Stickstoffgaben und verschwinden schließlich völlig. Dabei sind sie nicht einmal stickstoffeindlich, im Gegenteil. Durch stickstoffsammelnde Bakterien an ihren Wurzeln erzeugen sie sogar ihren eigenen Stickstoff und können deshalb auch auf stickstoffarmen Böden bestens mit den Gräsern konkurrieren. Tatsächlich ist ein hoher Kleeanteil in einer Weide der beste Indikator für Stickstoffmangel. Wird dem Boden nun reichlich Stickstoff zugeführt, verlieren die Leguminosen ihren Vorsprung und werden von den Gräsern verdrängt. Es hat sich aber gezeigt, daß ein artenarmer, eiweißreicher Bewuchs sich nicht negativ auf die Gewichtsentwicklung der Lämmer auswirkt. Die Hälfte des Düngers gibt man im zeitigen Frühjahr, die andere Hälfte verteilt man auf zwei Gaben und düngt nach dem Umtreiben, von dem im nächsten Kapitel die Rede sein wird.

Leider ist das Wachstum der Weidepflanzen nicht über den Jahresverlauf hin konstant, was manches vereinfachen würde. Das üppigste Wachstum entwickelt Grünland im Mai. Setzt man das Maiwachstum mit 100 Prozent an, ergibt sich für die Hauptvegetationsmonate die folgende Tabelle:

April	Mai	Juni	Juli	August	September	Oktober
60	100	92	79	58	54	31 %

In unseren Breiten werden die Schafe je nach der Witterung im Dezember, gelegentlich auch erst im Januar aufgestallt und zwischen Mitte März und Mitte April wieder auf die Weide gebracht, so daß sie zwischen zwei und vier Monaten im Stall verbringen, während Vegetationsruhe herrscht.

Junge Lämmer beginnen im Alter von zwei bis drei Wochen mit der Aufnahme von Rauhfutter, dessen Anteil ständig zunimmt, bis sie mit drei Monaten abgesetzt werden. Ihr Endgewicht von 50 kg sollten sie mit sechs Monaten erreicht haben, der größte Weidefutter-Bedarf ist demnach vom vierten bis sechsten Lebensmonat gegeben. Unter dem Gesichtspunkt des größten Futterangebots wäre es also zweifellos ideal, wenn die Lämmer im Mai vier Monate alt sind. Sie wären dann Anfang Januar geboren, zu einer Zeit, da die Mutterschafe gerade aufgestallt worden sind. Allerdings müßten sie dann bis zum dritten Lebensmonat im Stall mit teurem Beifutter ernährt werden, was wenig wirtschaftlich wäre. Deshalb liegt die günstigste Ablammzeit etwas später, im Februar/März, was auch der jahreszeitlichen Brunst am besten entspricht. Von Juli bis September ist das Futterangebot auf der Weide noch ausreichend, zumal die Mutterschafe dann nicht mehr säugen und geringere Futteransprüche stellen. Der Futterberg im Frühjahr kann für die Winterfutter-Bergung genutzt werden.

Zur Pflege der Weide gehört es auch, abgeweidete Flächen nachzumähen (Reinigungsschnitt). Manche Unkräuter, wie Disteln oder Brennesseln, werden von den Schafen nämlich verschmäht und samen sich aus, so daß mit der Zeit immer größere Geilstellen entstehen. Erfolgt die Unkrautbekämpfung chemisch durch Spritzung, müssen die Schafe mindestens zwei Wochen von der solcherart behandelten Fläche ferngehalten werden. Maulwurfshügel werden eingeebnet, Drainageabflüsse sind zu säubern. Überflüssig ist dagegen ein Walzen der Weide, wie es bei Rinderweiden im Frühjahr üblich ist, weil der „goldene Tritt" der Schafe den Boden verdichtet.

Weideflächen mit stauender Nässe müssen drainiert oder gemieden werden, weil Schafe dort verschiedene Krankheiten entwickeln (u. a. Moderhinke, parasitäre Erkrankungen). Die Gefahr der Verbreitung parasitärer Erkrankungen ist bei der Koppelschafhaltung besonders groß, weil hier viele Tiere ständig auf einer begrenzten Fläche gehalten werden. Dadurch kommt es leicht zu einer Verseuchung der Weide mit langlebigen Parasiten. Auf die häufigsten Schafkrankheiten, ihre Verhinderung und Bekämpfung wird in einem eigenen Kapitel eingegangen. Falls möglich, ist es eine vorbeugende Maßnahme, die Weide etwa alle vier Jahre umzubrechen und ein Jahr lang anderweitig zu nutzen, was den Vorteil hat, daß dadurch die gute Vorfruchtwirkung von Grünland ausgenutzt werden kann.

Die Schafe bleiben zweckmäßigerweise auch nachts auf der Weide, werden also nicht allabendlich aufgestallt. Erstens ist das unnötig, zweitens mit einiger Arbeit verbunden, und drittens werden auf regelmäßig benutzten Triebwegen Krankheiten übertragen.

Die Weidekoppel

Nicht nur die ganzjährige Stallhaltung scheidet bei den verhältnismäßig wenigen Schafen eines Kleinbetriebes aus, sondern auch eine Hütehaltung. Wenn wir einmal die umständliche und nur mit sehr wenigen Schafen mögliche Anbindehaltung beiseitelassen, die insbesondere bei Mutterschafen mit Sauglämmern Probleme bringt, bleibt nur die Koppelhaltung. Voraussetzung für eine sorgenfreie Koppelhaltung ist eine schafsichere Einzäunung der Weidefläche. Eine wirklich brauchbare Einzäunung wird nur selten bereits vorhanden sein, es genügen keinesfalls ein paar Reihen Stacheldraht, wie bei der Rinderweide.

Ideal ist an sich Maschendraht (Viereckgeflecht), der auch dann noch verhindert, daß die Schafe ihren Kopf durchstecken, wenn er nicht ganz straff gespannt ist. Meistens wird aber der Knotengitter-Draht verwendet, weil er billiger ist und auch völlig genügt, wenn er gut gespannt ist. Bei besseren Ausführungen wird der Abstand der horizontalen Drähte nach unten hin enger. Eine Höhe von einem Meter genügt auf jeden Fall, es ist sogar speziell für Schafe ein Drahtknotengitter mit einer Höhe von 78 Zentimetern im Handel. Zur Vorsicht, vor allem zum Schutz der Schafe vor fremden Hunden, kann man über dem eigentlichen Zaun noch einen Stacheldraht spannen.

Die Zaunpfähle sind überwiegend aus Holz, das freilich im Vergleich mit Eisen- oder Betonpfählen nur eine begrenzte Lebensdauer hat, aber wesentlich billiger ist. Man kann die Haltbarkeit verlängern, wenn die Holzpfähle bis zu etwa zehn Zentimeter über der Erdoberfläche mit einem Imprägniermittel behandelt werden, aber der Gewinn an Lebensdauer ist geringer, als vielfach angegeben wird. Ungleich besser sind druckimprägnierte Holzpfähle, deren Lebensdauer mit einigen Jahrzehnten angenommen werden kann und die es wert sind, ein paar Mark mehr dafür auszugeben.

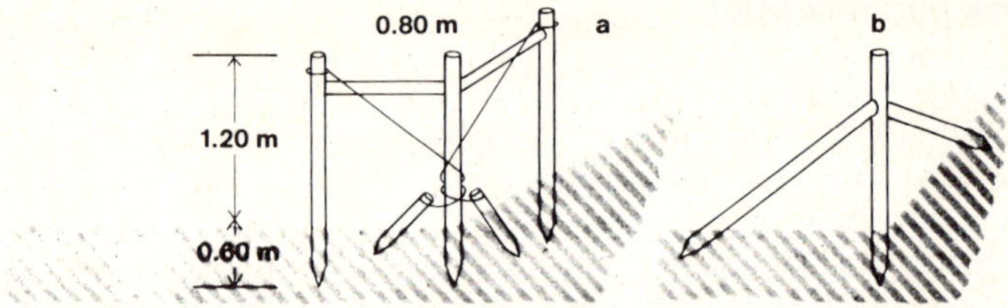

Abb. 10 Eckverbindungen eines Weidezaunes: a = gut; b = unzureichend

Bei einer Zaunhöhe von etwa einem Meter sollten die Pfähle 180 Zentimeter lang sein und werden 50 bis 70 Zentimeter tief in den Boden gesetzt. Soll der Zaun höher sein, werden nicht nur die Pfähle entsprechend länger, sondern sie müssen auch dichter gesetzt werden. Normalerweise genügt ein Pfahlabstand von fünf Metern.

Es ist von großer Wichtigkeit, daß der Draht immer gut gespannt bleibt. Wegen der Temperaturunterschiede im Jahresverlauf dehnt sich der Draht im Sommer und zieht sich im Winter zusammen, wodurch vor allem die Eckpfosten und die Torpfosten langer Zäune einer großen Beanspruchung ausgesetzt sind. Diese Pfähle sollten deshalb etwas stärker im Durchmesser sein, etwa zwölf Zentimeter statt der für die normalen Zaunpfähle genügenden acht bis zehn Zentimeter. Die übliche Abstützung durch diagonale Streben wird nur dann ausreichen, wenn die Spannung des Drahtes regelmäßig den Temperaturschwankungen angepaßt wird. Aus der Abb. 10 wird das in der Fachliteratur empfohlene System der Abstützung von Eck- und Torpfosten ersichtlich, das den hohen Zugkräften am besten widerstehen soll. Es setzt allerdings voraus, daß die Ankerpflöcke außerhalb der Umzäunung eingeschlagen werden können, was ja nicht unbedingt selbstverständlich ist. Auch erscheint eine Befestigung der Ankerdrähte am Oberteil der Eckpfosten logischer, wobei allerdings die Ankerpflöcke noch weiter entfernt eingeschlagen werden müßten. In Anbetracht der Wichtigkeit stabiler Eck- und Torpfosten hat es sich als zweckmäßig erwiesen, entsprechend längere Pfosten tiefer in den Boden einzulassen, den eingelassenen Teil besonders sorgfältig zu schützen und das Pfostenloch mit gut eingestampftem Beton zu füllen. Für die Zaunpfosten genügt das Auffüllen der Löcher mit Steinen und Erde, die allerdings mehrfach durch Stampfen verdichtet werden muß.

Wichtig, weil oft falsch gemacht: der Zaundraht gehört an die Innenseite der Pfosten, nicht an die Außenseite, auch wenn dadurch ringsum ein pfostenbreiter Streifen Weideland verlorengeht. Die Schafe drücken von innen gegen den Zaun, dessen Horizontaldrähte mit U-Krampen an den Pfosten befestigt sind, um das außerhalb stehende Futter zu erreichen. Mit der Zeit können die Krampen dadurch herausgedrückt werden, wenn der Zaun an der Außenseite der Pfosten befestigt wird.

Der unterste horizontale Draht sollte möglichst dicht über dem Boden verlaufen, damit die Schafe nicht ihren Kopf darunter hindurchschieben können. Verläuft der Boden uneben, muß eventuell der Abstand der Zaunpfähle verkürzt werden, um den Draht am Boden zu halten. Eingeschlagene Pflöcke können den straffgespannten Draht in Vertiefungen nicht am Boden halten, sondern werden herausgezogen. Gespannt wird der Draht durch einen besonderen Drahtspanner; die üblichen Drahtspanner, auf die der Draht aufgewickelt wird, genügen bei langen Drähten nicht.

Die Tore sollen breit genug sein, um mit allen nötigen landwirtschaftlichen Maschinen hindurchfahren zu können. Am einfachsten ist es, als Tor eine der üblichen Schafhürden in den Normmaßen 400 x 100 Zentimeter zu verwenden, auf die noch eingegangen wird. Die Befestigung dieser Hürde an den Torpfählen mit Drahtschlingen zeigt die Abb. 11.

Wenn das Tor geöffnet wird, um mit einer landwirtschaftlichen Maschine hindurchzufahren, muß deren Fahrer ohne die Hilfe einer zweiten Person recht geschickt sein, um zu verhin-

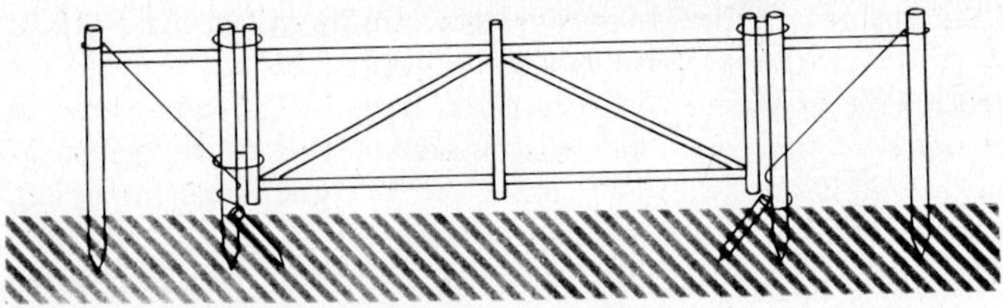

Abb. 11 Weidetor aus einer Hürde

dern, daß die Schafe diese günstige Gelegenheit zum Entweichen nutzen. Auch ist es etwas umständlich, vor dem Tor zu halten und abzusteigen, das Tor zu öffnen, wieder aufzusteigen, hindurchzufahren, abzusteigen, das Tor zu schließen und schließlich abermals aufzusteigen. Die gleiche Prozedur muß beim Verlassen wiederholt werden. Eine elegante und arbeitssparende Lösung ist das „torlose" Weidetor. Dabei wird zwischen den Torpfosten eine breite, mäßig tiefe Grube ausgehoben, die von einem Rost aus starken Rundhölzern im Abstand von ca. zehn Zentimetern überdeckt ist. Schafe können einen solchen Rost nicht überqueren, eine landwirtschaftliche Maschine aber kann darüberfahren. Da der Druck auf die Auflagestellen des Rostes dabei groß ist, sollte zumindest der Grubenrand betoniert sein.

Der bei anderen Haustieren so wirkungsvolle und praktische Elektrozaun ist als alleinige Einzäunung für Schafe auch dann nicht ausreichend, wenn zwei stromführende Drähte statt des bei Rindern und Pferden üblichen einen Drahtes verwendet werden. Besser, aber auch außerordentlich teuer ist ein Elektroknotengitter. Dessen am Boden aufliegender unterer Horizontaldraht darf natürlich nicht stromführend sein, so daß die Schafe versuchen, ihren Kopf darunter durchzuschieben. Ist es erst einmal so weit, reißen sie bald den ganzen Zaun um. Für die sichere Abgrenzung der Futterfläche ist also ein fester Zaun unentbehrlich.

Innerhalb des die Futterfläche umschließenden Weidezaunes kann man es sich leichtmachen und die der Größe und Qualität der Weide entsprechende Anzahl von Schafen sich selbst überlassen. Es gibt dann allerdings einige Schwierigkeiten mit der Bergung des Winterfutters, mit der Weidepflege und mit der Düngung. Die Schafe verteilen sich über die gesamte Fläche und weiden wahllos, nutzen die Weide sehr schlecht und geben ihr nicht die nach dem Abweiden nötige Ruhepause von mindestens drei Wochen. Es ist also wichtig und geradezu ein fester Bestandteil der Koppelschafhaltung, die Weidefläche zu unterteilen und sie in Einzelkoppeln von den Schafen nacheinander abweiden zu lassen bzw. das Winterfutter darauf zu ernten.

Eine Weide, bei der die Schafe sich selbst überlassen bleiben, wird als Standweide bezeichnet. Sinnvoll ist sie allenfalls dann, wenn Schafe in erster Linie gehalten werden, um auf einer Fläche den Bewuchs kurzzuhalten, ansonsten aber möglichst wenig Arbeit machen sollen. Der geringe Arbeitsaufwand ist nämlich der einzige Vorteil der Standweide.

Die häufigste Form der Weideführung in der Koppelschafhaltung ist die Umtriebsweide. Dabei wird den Schafen jeweils eine Fläche zugeteilt, die so groß ist, daß sie im Durchschnitt nach fünf Tagen (zwischen zwei und neun Tagen) völlig abgeweidet ist. Bei einer solchen Zuteilung ist die Weidenutzung wesentlich besser als bei der Standweide, die nicht beweideten Teile können sich erholen und gedüngt bzw. nachgemäht werden. Da die Schafe mit Vorliebe immer an den gleichen Stellen liegen und sich dort Geilstellen bilden, wird durch einen rechtzeitigen Umtrieb das Gras gleichmäßiger abgeweidet. Außerdem wird eine Verseuchung des Bodens mit Parasiten erschwert. Der Arbeits-Mehraufwand ist gering und beschränkt sich darauf, den Schafen alle paar Tage eine neue Koppel zuzuteilen.

Während die Besatzstärke die Zahl der Mutterschafe zur gesamten Weidefläche ins Verhältnis setzt, bezieht sich die

Besatzdichte auf die Anzahl der Mutterschafe, die zur gleichen Zeit auf einer Fläche gehalten werden. Die Besatzdichte wechselt im Jahresverlauf mit der Wüchsigkeit der Vegetation, ist aber natürlich immer wesentlich höher als die Besatzstärke. Auch die Besatzstärke ist bei der Umtriebsweide größer als bei der Standweide, da eine wesentlich bessere Ausnutzung des Futters erfolgt.

Mit einigem Vorbehalt kann ein Elektroknotenzaun für die Zuteilung der Umtriebsflächen verwendet werden, vielleicht genügt auch schon der einfache Elektrozaun mit zwei Drähten. Die Verlockung durch das dahinterstehende frische Futter ist aber sehr groß, und wenn die Schafe erst einmal gelernt haben, daß die elektrische Schockwirkung sie nicht dauerhaft von der frischen Weide abzuhalten vermag, wird der Elektrozaun nutzlos. Er wird nur einigermaßen sicher dazu genügen, die Schafe davon abzuhalten, auf eine bereits abgeweidete Fläche zurückzulaufen.

Eindeutig am besten zur Unterteilung der Weidefläche sind Schafhürden. In kleinen Koppelschafbeständen kann man bei Hürden sogar notfalls auf eine feste Außenumzäunung verzichten. Wie bereits erwähnt, haben Schafhürden eine Standardlänge von vier Metern und eine Höhe von einem Meter, es gibt aber auch beliebige andere Längenmaße. Schafhürden sind im Fachhandel fertig zu kaufen, aber auch aus imprägnierten Dachlatten verhältnismäßig einfach selbst herzustellen. Die Verbindungen sollten wegen der besseren Haltbarkeit nicht genagelt, sondern geschraubt werden. Auf der Weide werden Hürden mittels Drahtschlaufen an daumenstarken Rundeisenstäben befestigt, die unten angespitzt sind und recht einfach eingeschlagen und wieder herausgezogen werden können.

Das wichtigste Ziel bei der Weideführung ist eine rasche Gewichtszunahme der Lämmer. Normalerweise konkurrieren sie mit ihren Müttern um das beste Futter auf der kleinen, abgegrenzten Umtriebsfläche. Ein aus England kommendes Verfahren ändert das und hat sich gut bewährt, so daß es auch bei uns zunehmend Anwendung findet: das „creep grazing". Dabei gibt es in der Abgrenzung der Umtriebsfläche Schlupflöcher, die wohl die Lämmer durchlassen, nicht aber die Mutterschafe. Natürlich sollen auch die Lämmer sich nicht über die gesamte Fläche der Restkoppel verteilen, sondern nur ihren Müttern vorausfressen. Deshalb gelangen sie durch die Schlupflöcher in eine anschließende, gleichgroße, frische Umtriebsfläche. Nach einiger Zeit kommen dann die Mutterschafe auf die von den Lämmern überweidete Fläche, um diese sauber abzugrasen, während die Lämmer eine frische Fläche in Angriff nehmen. Es ist für das „creep grazing" also ein Doppelpferch nötig, der in der Mitte durch Hürden mit Schlupflöchern halbiert ist und nach einer durchschnittlichen Weidezeit von fünf Tagen zur Hälfte weiterwandert.

Wie groß müssen die Schlupflöcher sein? Die Mutterschafe werden, wie wir noch sehen werden, meistens im zeitigen Som-

Abb. 12 Lämmerschlupf – auch im Stall

mer geschoren und sind dann nicht breiter als ihre bewollten, älteren Lämmer. Am längsten soll der Unterschied in der Brusthöhe erhalten bleiben, deshalb wird empfohlen, die Größe der Schlupflöcher nicht vertikal, sondern horizontal zu begrenzen und einen lichten Abstand von 27 Zentimetern zu wählen.

Eine allgemeingültige Angabe über die Größe einer Umtriebsfläche pro Mutterschaf mit Nachwuchs läßt sich nicht machen, hängt diese doch von vielen Faktoren wie der Zahl der Lämmer, der Qualität der Weide und der Jahreszeit ab. Immerhin mag eine Fläche von 80 Quadratmetern ein brauchbarer Anhalt sein. Bei dem „creep grazing" System bezieht sich diese Angabe auf den gesamten Doppelpferch, nicht nur auf jene Hälfte, in der sich die Mutterschafe befinden.

Im Frühsommer mag eine Umtriebsfläche dieser Größe genug Futter für acht oder neun Tage bieten, während sie im Spätsommer oder im Herbst vielleicht schon nach zwei Tagen abgeweidet ist. Sobald die Lämmer im August/September verkauft sind, finden die Mutterschafe wieder bestes Futter, das sie dann auch benötigen, um in gute Brunststimmung zu kommen.

Die anzustrebende Zeit der Weideruhe auf den gerade nicht genutzten Flächen von mindestens drei Wochen führt zu einer Mindestzahl von fünf Koppeln, wenn eine durchschnittliche Nutzung von fünf Tagen angenommen wird. Tatsächlich aber werden wesentlich mehr Koppeln benötigt, mindestens acht oder zehn, weil ja die Nutzungsdauer schwankt, im Herbst drei Wochen Weideruhe bei weitem nicht genügen und auch die zur Gewinnung des Winterfutters dienende Fläche berücksichtigt werden will. Man kann die gesamte Fläche als Mähweide nutzen, also abwechselnd beweiden lassen und irgendwann einmal im Jahresverlauf zur Gewinnung des Winterfutters abmähen. Ebenso ist es aber auch möglich, einen Teil der Fläche überwiegend für das Winterfutter zu nutzen und nur im Herbst überweiden zu lassen. Das folgende Beispiel eines Weideplans, das dem im Literaturverzeichnis aufgeführten „Lehrbuch der

Schafzucht" entnommen wurde, zeigt eine solche Form der Nutzung, bei der die Koppeln VI bis X überwiegend der Gewinnung des Winterfutters dienen. Zweckmäßigerweise wird man dann im folgenden Jahr die Koppeln I bis V dazu heranziehen. Das Beispiel wird als „vereinfachter Plan" bezeichnet, was auch zutrifft, weil die starre Einhaltung des Fünf-Tage-Intervalls in der Praxis nicht möglich sein wird und die Auswirkung des Verkaufs der Lämmer im Hochsommer nicht deutlich ersichtlich ist. Immerhin zeigt der Plan vorzüglich, wie eine in zehn Koppeln unterteilte Weidefläche zweckmäßig zu nutzen ist und wie man sich einen ähnlichen Plan nach den individuellen Verhältnissen aufstellen kann. Am besten wird man dann gleich die erforderlichen Pflegemaßnahmen in den Plan einbauen, also den Reinigungsschnitt, das Düngen usw. Einigermaßen zuverlässig wird ein Weideplan erst, wenn er auf einigen Jahren der Erfahrung mit der jeweiligen Fläche basiert. Immer aber wird man flexibel sein müssen und sich den witterungsbedingten Unregelmäßigkeiten im Jahresverlauf anpassen.

Die intensivste Form der Weidenutzung ist die Portionsweide. Dabei wird den Schafen jeweils nur eine Tagesportion zugeteilt, die entsprechend gründlich abgeweidet wird. Recht bequem ist dazu ein fahrbarer Pferch aus einer stabilen Eisenkonstruktion, der teilweise zerlegt werden kann und dadurch zu erweitern oder zu verkleinern ist. Ein solcher Pferch ist allerdings teuer, auch kann man damit Ecken und Unregelmäßigkeiten der Weidefläche chslechter nutzen. Vor allem aber ist dabei das System des „creep grazing" nicht möglich, weil die Lämmer sich außerhalb des Pferchs, in dem sich die Schlupföffnung befindet, über die gesamte Weidefläche verteilen würden. Ein fahrbarer Doppelpferch aber würde sehr groß und unhandlich werden.

Aus mancherlei Gründen empfiehlt sich weder bei der Umtriebs- noch bei der Portionsweide eine permanente Unterteilung der gesamten Weidefläche mit festen, stationären Zäunen.

Koppel-Nr.	15 April	20	25	30	5 Mai	10	15	20	25	30	5 Juni	10	15	20	25	30	5 Juli	10	15	20	25	30	5 August	10–15
I						W					W					W						W		
II					W					W					W						W			
III				W					W					W						W				
IV			W					W					W						W					
V		W					W					W						W						
VI		W												S									W	
VII	W												S									S		
VIII	W											H												
IX	W												H											
X											S						W							W

Koppel-Nr.	15 August	20	25	30	5 September	10	15	20	25	30	5 Oktober	10	15	20	25	30	5 November	10	15	20	25	30	5 Dezember	10–15
I					W							W	W									W	W	
II				W								W	W									W	W	
III			W							W	W									W	W	W	W	
IV		W								W	W									W	W	W	W	
V	W								W									W	W	W	W			
VI							W											W	W	W	W			
VII						W										W	W							W
VIII			H													W	W							W
IX				H										W	W									W
X								W						W	W									W

W = beweidet, S = Silageschnitt, H = Heuschnitt, leeres Feld = Weideruhe

Die Anpassung an die unterschiedliche Vegetation würde dadurch ebenso erschwert wie eine maschinelle Bearbeitung. Auch bei der Portionsweide dürften Hürden die zweckmäßigste Form der Unterteilung sein. Da man ohnehin die Hürden täglich versetzt und kontrolliert, kann auch notfalls auf eine feste Einzäunung der Gesamtfläche verzichtet werden. Das „creep grazing" erfolgt in gleicher Weise wie bei der Umtriebsweide, nur sind die Einzelkoppeln eben kleiner.

Die Vorteile der Umtriebsweide gegenüber der Standweide treffen in ähnlicher Form auch für die Portionsweide gegenüber der Umtriebsweide zu. Das Futter wird noch besser genutzt, der Kot gleichmäßig verteilt, es bilden sich keine Liege- und keine Geilstellen. Oft kann sogar auf den anschließenden Reinigungsschnitt verzichtet werden. In der Verbindung mit der Winterfutter-Gewinnung ermöglicht es die Portionsweide, praktisch während der gesamten Vegetationsperiode die Weide im Zeitpunkt der optimalen Wuchshöhe zu nutzen. Im gleichen Zeitraum und unter vergleichbaren Bedingungen soll der Fleischzuwachs der Lämmer um 15 bis 20 Prozent besser sein als auf der Umtriebsweide (Schneider/Voigtländer). Die Zuteilung der Tagesportion sollte am Vormittag, am besten in den Morgenstunden, erfolgen, was auch gut mit einer Berufstätigkeit vereinbar ist.

Umtriebs- und Portionsweide haben zunächst den scheinbaren Nachteil, daß es schwer ist, den Schafen einen Weideschuppen oder einen anderen Unterstand zur Verfügung zu stellen, der ihnen Schutz vor Witterungsunbill, vor sengender Sonne oder heftigen Regenfällen bietet. Auch eventuell vorhandene, Schutz bietende Bäume können nicht immer in die jeweilige Koppel einbezogen werden.

Wie das Wort „scheinbar" bereits andeutet, ist dieser Nachteil so schwerwiegend nicht, im Gegenteil. Bei Unterständen, Schuppen oder Bäumen ist es kaum zu vermeiden, daß die Schafe unmittelbar davor im Lauf der Zeit die Grasnarbe zu einem sumpfigen Morast zerstampfen, der nicht nur häßlich und für die Weidenutzung verloren ist, sondern wo auch Krankheiten aller Art übertragen werden können. Es ist ein hervorragender Brutplatz für Parasiten. Ein Schutz der Schafe vor Regen oder Sonne ist entbehrlich. Sind die Verhältnisse besonders extrem, kann man für die wenigen Schafe eines Kleinbetriebes relativ einfach ein primitives, transportables Provisorium basteln, das bei Bedarf rasch aufzuschlagen ist.

Solange Schafe saftiges Grünfutter aufnehmen können, genügt der Tauniederschlag, um ihr Wasserbedürfnis zu stillen. Nur bei längeren Trockenperioden ist es erforderlich, ihnen einmal täglich Wasser anzubieten. Keinesfalls ist es erforderlich, den Schafen ständig Wasser zur beliebigen Aufnahme zur Verfügung zu stellen. Auch bei einer Standweide ist eine stationäre Tränke, etwa ein Selbsttränkebecken, nicht zweckmäßig – aus den gleichen Gründen, die auch für den Weideschuppen gelten. Wasser, das in langen Schlauchleitungen steht, verdirbt ebenso unter Sonneneinstrahlung wie Wasser, das in einem Wasserwagen aufbewahrt wird. Wenn Wasser gegeben wird, sollte es klar und frisch sein.

Wichtiger als eine Tränke ist ein kleiner, leicht zu transportierender, überdachter Behälter für Mineralfutter. Die Schafe haben unter allen Haustieren den höchsten Mineralstoff-Bedarf! Der Behälter wird in der jeweiligen Weidefläche so befestigt, daß er nicht umgestoßen werden kann. Er wird mit einer speziellen kupferfreien und vitaminisierten Mineralstoffmischung für Schafe beschickt, die von den Schafen – Müttern wie Lämmern – beliebig aufgenommen werden kann. Ein Mutterschaf mit zwei Lämmern benötigt während der Haupt-Vegetationszeit, vom Weideaustrieb im April bis zum Verkauf der Lämmer im August/September, etwa fünf Kilogramm dieser Mineralstoff-Mischung.

Kraftfuttergaben sind bei guter Weide entbehrlich. Wohl können sie die Gewichtsentwicklung der Lämmer positiv beeinflussen, aber es gilt abzuwägen, ob der zusätzliche Aufwand sinnvoll ist, sich durch ein höheres Verkaufsgewicht auszahlt.

Der Schafstall

Falls nicht bereits ein als Schafstall geeignetes Gebäude vorhanden ist, wird der Stall für die Interessenten an einer Schafhaltung im Kleinbetrieb zum wohl größten Problem. Selbst wenn eine Baugenehmigung erteilt wird, ist ein Neubau mit Kosten verbunden, die in keinem rechten Verhältnis zur Haltung einiger weniger Schafe stehen. Auch ein in Eigenarbeit hergestellter Einfachstall kostet Geld, und es erhebt sich die naheliegende Frage, ob ein Stall wirklich unerläßlich ist oder ob Schafe nicht ganzjährig im Freien gehalten werden können.

Die weitaus meisten der weltweit gehaltenen Schafe werden nie aufgestallt, auch nicht in Gebieten mit ähnlichem oder gar noch härterem Klima als bei uns. Eine stallose Haltung ist also durchaus möglich. Kein anderes Haustier steht dem Wildtier näher als das Schaf, und Wildtiere haben ja auch keine Gelegenheit, bei schlechtem Wetter einen schützenden Stall aufzusuchen. Überdies wird das Schaf durch sein dichtes Wollvließ in einer Weise geschützt, die selbst bei Wildtieren selten ist. Insbesondere die ursprünglichen Landschafrassen überwintern problemlos im Freien. Wer Schafe aus Liebhaberei halten will, aber keinen Stall hat und auch keinen entscheidenden Wert auf möglichst hohen Ertrag legt, kann also getrost eine stallose Haltung in Erwägung ziehen.

Leider kann diese Empfehlung aber nicht grundsätzlich gegeben werden, zumindest dann nicht, wenn die Schafhaltung unter wirtschaftlichen Gesichtspunkten erfolgt und deshalb intensiv betrieben werden soll. Die hohen Leistungen der Fleischschafrassen sind nur unter „unnatürlich" günstigen Lebensbedingungen erreichbar, man kann von einer Luxurierung, d. h. einer übertriebenen Ausbildung der vorhandenen Anlagen sprechen. Unter besonders günstigen Haltungs- und Futterverhältnissen werden selbst Landschafrassen wie Heidschnucken nicht nur wesentlich schwerer, sondern erreichen auch eine

Ablammquote von mehr als 150 Prozent! Im Stall ist die Überwachung des Ablammens und die Pflege der jungen Lämmer besser möglich, was um so wichtiger wird, je größer der Anteil an Mehrlingslämmern ist. Natürlich haben Zwillinge, Drillinge oder gar Vierlinge ein niedrigeres Individualgewicht als ein Einzellamm, sind also schutzbedüftiger.

Das stärkste Argument für eine Stallhaltung im Winter aber ist die Weidepflege. Die Weide benötigt in der vegetationslosen Zeit eine Ruhepause, wenn sie optimale Erträge bringen soll. Es bekommt keiner Weide gut, wenn die Grasnarbe bis in die Wurzeln hinein verbissen wird. Bei nassem Wetter zerstampfen die Schafe zumindest an den von ihnen bevorzugten Stellen den Boden zu einem formlosen Morast, der sich nicht wieder begrünt. Der Verbreitung parasitärer Krankheiten wird Vorschub geleistet. Schließlich erleichtert eine Stallhaltung auch die tägliche Fütterung. Ein Stall dient also, um es einmal zusammenzufassen, weniger dem Schutz der Schafe vor der Witterung, insbesondere nicht dem Kälteschutz, sondern der Verbesserung der Wirtschaftlichkeit, der Weidepflege und der Arbeitserleichterung. Eine Aufstallung im Winter ist unbedingt zu empfehlen, wenn die räumlichen Voraussetzungen dazu gegeben sind.

Schafe stellen nur sehr geringe Ansprüche an ihren Stall, so daß praktisch alle denkbaren, früher anderen Zwecken dienenden Gebäude zum Schafstall umfunktioniert werden können. Auch ein in Eigenarbeit erstellter Neubau ist an sich nicht teuer, aber bei den wenigen Schafen eines Kleinbetriebs ist der Pro-Kopf-Anteil der Baukosten eben doch noch so hoch, daß viele Jahe vergehen, bevor die Gewinnzone erreichbar ist. Die folgende Beschreibung eines zweckmäßigen Schafstalles kann nur eine Orientierungshilfe sein; bei vorhandenen Gebäuden muß versucht werden, diese entsprechend umzugestalten. Nur ein Punkt ist wirklich wichtig: eine gute Belüftung! Es darf sich keine feuchte Wärme bilden, wie sie als typisches Stallklima in anderen Viehställen oft zu finden ist.

Ein Schafstall in seiner einfachsten Form ist nicht mehr als ein Weideschuppen und besteht aus drei Seitenwänden und dem Dach. Über eine Skelettkonstruktion aus Holzbalken oder Metall werden Bretter genagelt oder — besser — Platten aus Eternit oder einem ähnlichen Werkstoff gehängt. Das Dach wird dann als schlichtes Pultdach gebaut und mit Dachpappe belegt oder mit den gleichen Platten gedeckt wie die Wände. Eine Regenrinne an der heruntergezogenen Vorderseite genügt. Allerdings sollte das zur offenen (nach Süden ausgerichteten) Seite hin geneigte Pultdach so weit vorgezogen werden, daß auch bei Wind Regen oder Schnee nicht in den Stall gelangen können.

Zweckmäßiger als eine völlig offene Seite ist es, die Südseite durch ein breites Tor zu schließen, das horizontal geteilt ist, so daß dessen Oberseite bei Bedarf zur besseren Belüftung geöffnet werden kann. Ein Tor hat den großen Vorteil, daß der Auslauf der Schafe kontrolliert werden kann und diese nicht bei Regenwetter die Fläche um den Stall zertrampeln.

Zwischen der hochgezogenen Seite des Pultdaches und der Rückwand bleibt ein Lüftungsschlitz, damit die Luft zirkulieren kann und sich kein Schwitzwasser an der Dachfläche niederschlägt.

An sich ist ein fester, betonierter Stallboden entbehrlich, auch wenn er praktische Vorteile bietet. Falls man sich für einen Betonboden entscheidet, genügt eine etwa zehn Zentimeter starke Betonschicht über einer 30 Zentimeter starken Schotterlage.

In den meisten Fällen werden Schafe auf Tiefstreu gehalten, d. h. es wird täglich frisches Stroh eingestreut, das sich unter dem Tritt der Schafe zusammen mit dem Kot und Urin zu einer immer höher wachsenden Mistmatratze verdichtet, die trocken und warm ist. Zur Zeit des Weideaustriebs im Frühjahr kann diese Matratze zwischen 50 und 100 Zentimeter hoch sein! Danach richtet sich auch die Gesamtinnenhöhe des Stalles, die möglichst nicht unter 3,50 Meter liegen sollte. Die

Unterkante der Fenster sollte 2,50 Meter über dem Boden liegen, die Stalltüren müssen nach außen aufschlagen.

Viel Platz benötigen die Schafe nicht. Für ein Mutterschaf mit Nachwuchs rechnet man in kleineren Beständen mit rund zwei Quadratmetern. Bei fünf Mutterschafen mit zehn Lämmern wären das ganze zehn Quadratmeter, das ist weniger als eine Pkw-Garage! Leider hat diese eindrucksvolle Rechnung aber einen kleinen Schönheitsfehler: der Bergeraum-Bedarf für das Winterfutter und die Einstreu ist noch nicht darin enthalten.

Heu und Stroh sind meist als (hochdruckgepreßte) Ballen verfügbar, sofern Heu nicht selbst gemäht und lose gelagert wird. Bei einer Stallhaltungsperiode von vier Monaten wird der folgende Bergeraum-Bedarf für ein Mutterschaf angegeben („Produktionsverfahren Koppelschafhaltung", siehe Anhang):

Stroh (0,6 — 1,0 Doppelzentner	= 0,5 — 0,8 kg/Tag)
hochdruckgepreßt	0,8 — 1,4 m^3
niederdruckgepreßt	1,6 — 2,8 m^3
lose gelagert	2,1 — 3,3 m^3
Heu (0,9 — 1,2 dz =	0,7 — 1,0 kg/Tag)[1]
hochdruckgepreßt	0,4 — 0,6 m^3
niederdruckgepreßt	0,6 — 0,9 m^3
lose gelagert	1,1 — 1,5 m^3
Silage (4,8 — 7,2 dz =	4,0 — 5,0 kg/Tag)
	0,8 — 1,3 m^3

Als groben Anhaltswert kann man pro Mutterschaf demnach einen Bergeraum-Bedarf von drei bis vier Kubikmetern ansetzen, was bei einer Stallhöhe von 3,50 Meter etwa einer Grundfläche von einem Quadratmeter entspricht. Auf diese Weise

1 Bei reiner Heufütterung – ohne Silage – liegt der Tagesbedarf zwischen 1,8 und 2,5 kg. Kraftfuttergaben können das Grundfutter bedarfsweise ergänzen (1,5 kg Heu und 0,8 kg Kraftfutter täglich), jedoch ist der Raumbedarf für die Kraftfutterlagerung gering.

läßt sich zusammen mit der eigentlichen Stallfläche ein Gesamtbedarf von mindestens drei Quadratmetern pro Mutterschaf errechnen.

Praktischer als eine ebenerdige Lagerung wäre es, Winterfutter und Einstreu auf dem Dachboden über dem eigentlichen Schafstall zu lagern. In diesem Fall müssen in den Seitenwänden des Stallraumes dicht unterhalb des Dachbodens Entlüftungsöffnungen angebracht werden. Bei nur wenigen Schafen entsteht ein merkwürdiger Turmbau, wenn man sich an die empfohlenen Grundflächen hält: fünf Mutterschafe benötigen eine Grundfläche mit einer Seitenlänge von 3,20 Metern (zehn Quadratmeter). Die Innenhöhe des Stalles beträgt 3,50 Meter, der darüberliegende Dachboden sollte Stehhöhe haben, so daß sich insgesamt eine Außenhöhe des Gebäudes von mehr oder weniger sechs Metern ergibt. In der Praxis wird man mit der Stallfläche etwas großzügiger kalkulieren, um Platz für Ablamm- und Krankenbuchten zu haben; auch für Stallgeräte, Medikamente und Arbeiten ist etwas zusätzlicher Platz kein Nachteil. Bei aufgesetztem Dachgeschoß muß das Pultdach sehr weit vorgezogen werden, wenn es die Vorderseite vor Regen und Schnee schützen soll. Darunter entsteht dann für die Schafe ein wohl überdachter, ansonsten aber freier Auslauf.

Sowohl Bergeraum als auch Arbeit lassen sich sparen, wenn man die Schafe statt auf Tiefstreu auf einem Spaltenboden hält. Für diese Haltungsform spricht viel, dagegen eigentlich nur die relativ hohen Herstellungskosten des Spaltenbodens. Dabei handelt es sich um Hartholzbohlen von fünf Zentimeter Breite und drei Zentimeter Stärke, die im Abstand von zwei Zentimetern zu herausnehmbaren Rosten zusammengefügt werden. Aus diesen Rosten entsteht eine Bodenfläche etwa 50 Zentimeter über dem Niveau des eigentlichen Stallbodens. Die Roste müssen so verlegt werden, daß sie nicht federn, wenn die Schafe darauf herumlaufen. Der Kot richtig gefütterter, gesunder Schafe ist bekanntlich nicht breiig, son-

Abb. 13 Schafhaltung auf Spaltenboden

dern besteht aus festen Kügelchen, die ebenso wie der nur in geringen Mengen ausgeschiedene Urin durch die Spalten auf den Boden fallen. Wegen der festen Konsistenz des Kotes muß ja auch bei einem normalen Stall nicht täglich gemistet werden, sondern es ist die Haltung auf Tiefstreu üblich, auf der die Schafe warm und trocken liegen.

Bei einem Spaltenboden kann auf eine Einstreu völlig verzichtet werden. Allerdings liegen die Schafe darauf weniger warm als in einem Tiefstreustall, so daß der Stall insbesondere bei empfindlichen Hochleistungsschafen besser allseitig geschlossen ist. Ein ganz wesentlicher Vorteil des Spaltenbodens ist die Verhinderung von Klauenkrankheiten. Entmistet wird nur einmal jährlich. Da der Kot sich vor allem unter den bevorzugten Freßplätzen häuft, sollte er von Zeit zu Zeit etwas verteilt werden, sofern die Raufen nicht versetzt werden kön-

Abb. 14 Verzinkte Lochbleche erfüllen den gleichen Zweck wie ein Spaltenboden

nen. Aus Gründen, auf die noch eingegangen wird, sollte der Kot gelegentlich mit Wasser übersprüht werden. Statt der Holzspaltenböden finden zunehmend Lochblechböden Verwendung, die die gleichen prinzipiellen Vorteile haben. Auch Gitterroste werden angeboten, die aber vorwiegend für Masttiere empfohlen werden. Alle Metallböden müssen verzinkt sein, die Löcher eines Lochblechbodens haben einen Durchmesser von ca. zwei Zentimetern.

Rauhfutter wird in Raufen, Kraftfutter und auch Mineralfutter in Trögen oder ähnlichen Behältern angeboten, Wasser in Tränkgefäßen. Bei einem Holzspaltenboden oder einem Lochblechboden können diese Fütterungseinrichtungen fest installiert werden, während sie im Tiefstall mit der Zeit immer höher „klettern" müssen. Das kann am einfachsten durch senkrechte Schienen geschehen, an denen sie verschiebbar befestigt sind.

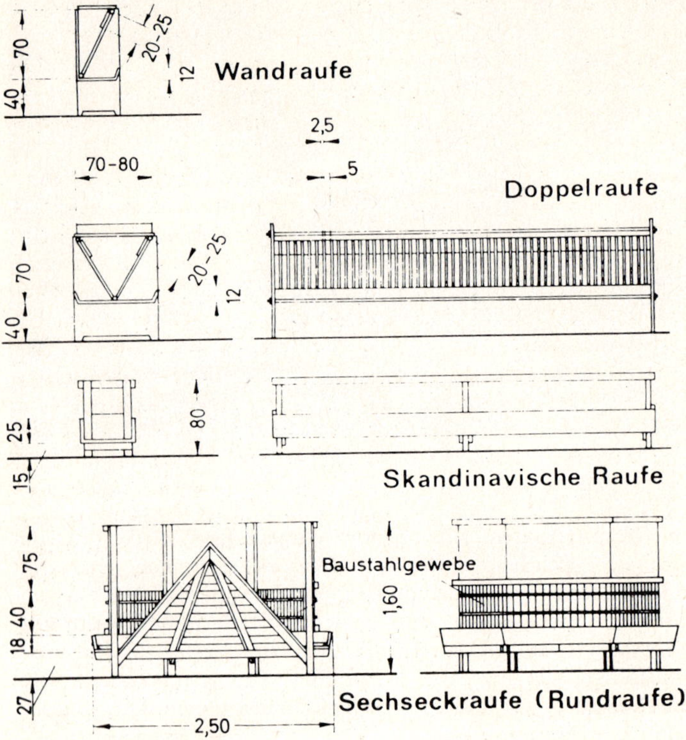

Abb. 15 Verschiedene Raufen

Während auf der Weide die Schafe ihren Flüssigkeitsbedarf durch das saftige Frischfutter und den Tauniederschlag stillen können und nur bei Hitze oder längerer Trockenheit getränkt werden müssen, benötigen sie im Stall etwa zwei Liter pro Tag und Schaf. Sinnvoll sind in erster Linie Selbsttränken, die für Schafe eine durchbrochene Zunge haben und schwimmergesteuert sein sollen. Sie müssen stets so hoch angebracht sein, daß sie nicht verunreinigt werden können. Das Hauptproblem liegt darin, daß die Tränkbecken samt Zuleitung im Winter frostgefährdet sind und vor dem Einfrieren geschützt werden müssen.

Für das Rauhfutter werden pro Mutterschaf mit Nachwuchs etwa 60 Zentimeter Raufenlänge angesetzt. Die üblichen Wand-Sprossenraufen werden dadurch recht lang; Doppelraufen benötigen nur die halbe Länge. Sie werden am besten versetzbar gebaut, so daß sich der Kot besser verteilt, und werden immer oben auf der Tiefstreu stehen. Solche Doppelraufen sind 60 Zentimeter breit, einen Meter hoch, die Länge ist beliebig, das Gewicht sollte so sein, daß die Raufen nicht umgeworfen, andererseits aber leicht versetzt werden können.

Der Sprossenabstand beträgt ca. fünf Zentimeter. Ein oben angebrachtes Nackenbrett verhindert ein Verschmutzen der Wolle. Die Schmalseiten sind geschlossen. In einem Futtertrog, der unter den Sprossen angebracht und so breit und lang wie die eigentliche Raufe ist, kann Kraftfutter gegeben werden, außerdem werden darin herunterfallende Rauhfutterteile aufgefangen.

Die skandinavische Raufe gewinnt zunehmend an Beliebtheit. Dabei handelt es sich lediglich um einen 25 Zentimeter hohen und 50 Zentimeter breiten Trog, über dem in gleicher Breite und Länge im Abstand von 40 Zentimetern ein stabiles Lattenrechteck angebracht ist. Auf Sprossen wird bei der skandinavischen Raufe völlig verzichtet. In dem Trog kann nach Belieben Kraft- oder Rauhfutter gegeben werden. Wird er mit Rauhfutter gefüllt, legt man ein passend geschnittenes grobmaschiges Baustahlgewebe darüber, durch das die Schafe das Heu wohl herausziehen, es aber nicht so leicht verstreuen können. Der Nachteil der skandinavischen Raufe besteht vor allem darin, daß sich ältere Lämmer gern hineinlegen, aber dieser Nachteil wiegt bei frühzeitigem Weideaustrieb nicht sehr schwer.

Bei einem größeren Schafbestand ist eine Rundfutterraufe ideal. Da die Schafe sich wegen der Rundform nicht gegenseitig behindern, genügt die halbe Raufenlänge pro Schaf, also 30 Zentimeter. Eine Raufe mit einem Durchmesser von einem Meter genügt für zehn Mutterschafe samt Nachwuchs. Durch einen in der Mitte angebrachten Kegel rutscht das Futter nach, der äußere Zylinder besteht aus festem Drahtgeflecht, ein verstellbarer unterer Freßschlitz mündet in einem Trog. Eine Vorratsfütterung ist möglich, sowohl mit Rauh- als auch mit Kraftfutter (wenn der Außenzylinder engmaschig genug ist oder das Kraft- bzw. Mineralfutter unter Silage gemengt wurde).

Wird Kraft- und Mineralfutter nicht auf diese Weise gegeben, bzw. im Trog der skandinavischen Raufe oder in einem Trog unter der Sprossenraufe, werden eigene Behälter dafür benötigt; der auf der Sommerweide verwendete kleine Mineralfutter-Behälter ist auch im Stall geeignet.

Eine Unterteilung größerer Ställe erfolgt ggf. durch die gleichen Hürden wie auf der Sommerweide. Damit können Buchten zum Ablammen, zur Pflege kranker Tiere, mit Lämmerschlupf zur gezielten Zusatzfütterung der Lämmer oder auch zur besseren Kotverteilung abgetrennt werden. Das Füllen der Raufen und Tröge wird sehr erleichtert, wenn die Schafe dabei nicht stören können. Im Tiefstall kann bei ausreichender Stärke der Mistmatratze eine Befestigung der Hürden an eingeschlagenen Pfählen erfolgen, zweckmäßiger aber sind transportable Hürdenständer. Zur besseren Anpassung an die begrenzten Platzverhältnisse im Stall gibt es ausziehbare Hürden.

Sehr schön, wenn auch nicht unentbehrlich, ist eine Möglichkeit, den Schafen im Winter gelegentlichen Auslauf zu gewähren. Da diese Fläche bald zerstampft ist, wäre eine feste Oberfläche ideal. Hier kann man auch am besten Vorrichtungen für die Pflege und Behandlung der Schafe installieren, ein Klauenbad etwa, vielleicht gleich in Verbindung mit einem Laufgang. Ein befestigter Hof genügt als Auslauf völlig.

Um es noch einmal zu sagen: ein Primitivstall genügt, und das anspruchslose Schaf kann während des Winters in praktisch jedem vorhandenen Gebäude untergebracht werden. Andererseits ist es aber auch möglich, durch entsprechenden Aufwand die eigenen Arbeitsbedingungen und die Lebensbedingungen der Schafe zu verbessern. Es gilt, im Einzelfall unter Berücksichtigung der Gegebenheiten den zweckmäßigsten Kompromiß zu finden.

Die Zucht

Grundlage für eine wirtschaftliche Schafhaltung ist die Zucht. Aus Gründen, die bereits genannt wurden, ist ein materieller Gewinn nicht erzielbar, wenn die Lämmer alljährlich gekauft, während des Sommers gemästet und im Herbst wieder verkauft werden, so verlockend dieses Verfahren zunächst auch erscheinen mag.

Das Zuchtziel läßt sich recht einfach durch die drei berühmten „F" ausdrücken:

Frühreife
Fruchtbarkeit
Frohwüchsigkeit

Wenn es gelingt, alle drei Eigenschaften im gesamten Bestand auf ein hohes Niveau zu bringen, kann der Erfolg nicht ausbleiben, zahlreiche Lämmer mit hohem Verkaufsgewicht zu erzeugen.

Betrachten wir uns zunächst die Frühreife etwas näher. Die Haltung eines Schafes verursacht während seiner gesamten Lebensspanne Kosten, die den Gewinn aus dem Verkauf der von ihm geborenen Lämmer mindern. Es ist logisch, daß diese Kosten im Verhältnis zur Zahl der geborenen Lämmer geringer werden, wenn das Schaf bereits ein Jahr früher zuchttauglich ist. Eine zeitige Zuchtverwendbarkeit bezeichnet man als Frühreife. In der Tabelle im Kapitel „Schafrassen in Deutschland" ist das Alter der Erstzulassung bei unseren häufigsten Schafrassen angegeben. Es handelt sich dabei nur um einen Anhaltswert, denn frühreife Rassen werden unter ungünstigen Bedingungen erst später zur Zucht herangezogen, spätreife Rassen bei besonders günstigen Bedingungen eventuell früher.

Da in aller Regel aus mancherlei Gründen eine Frühjahrslammung angestrebt wird und die Tragezeit rund fünf Monate (150 Tage) beträgt, verliert man ein volles Jahr, wenn die im Frühjahr geborenen Lämmer nicht bereits im Herbst des gleichen Jahres gedeckt werden können. Bei dem günstigsten Ablammtermin Februar/März werden die Schafe in den Monaten September/Oktober dem Bock zugeführt. Ein zur Zucht zurückbehaltenes weibliches Lamm muß deshalb spätestens im Alter von sieben bis acht Monaten erstmals gedeckt werden können, um sich nahtlos in den Produktionsprozeß einzufügen. Das aber darf man nur von einigen Schafrassen erwarten.

Die Fruchtbarkeit ist der weitaus wichtigere Faktor bei der Zucht. Ein Schaf, das erst im zweiten Jahr zur Zucht zugelassen werden kann, aber dann jedes Jahr zwei oder drei Lämmer hat, kommt zwangsläufig auf eine höhere Zahl zu verkaufender Lämmer als ein frühreifes Schaf, das wohl bereits im ersten Jahr gedeckt werden kann, aber dann immer nur ein Einzellamm hat. Wie aus der erwähnten Tabelle ersichtlich, ist die Fruchtbarkeit bei unseren Schafrassen recht unterschiedlich. Es handelt sich dabei aber wie bei den Angaben zur Frühreife um Durchschnittswerte, die beträchtlich von den Umwelteinflüssen überlagert werden können. Dennoch kann man getrost von der Annahme ausgehen, daß unter den gleichen Haltungsbedingungen das Schaf einer fruchtbaren Rasse mehr Lämmer bringen wird als das Schaf einer weniger fruchtbaren Rasse.

Die Zahl der geborenen Lämmer pro Schaf hängt nicht nur von der Rasse, den Haltungsbedingungen und der individuellen Veranlagung ab. Junge Schafe haben in der Regel eine geringere Ablammquote als ältere; bei der Frühjahrslammung liegt das Ablammergebnis um 10 bis 20 Prozent höher als bei der Herbstlammung. Besonders gutes Futter vor und während der Deckperiode (Stoßfütterung) und ein guter Gesundheitszustand wirken sich gleichfalls positiv aus.

Das Ablammergebnis nennt lediglich das Verhältnis der Lämmer zur Zahl der lammenden Schafe. Interessanter für die Wirtschaftlichkeits-Berechnung aber ist die sogenannte Produktivitätszahl (nach Wassmuth), nämlich das Verhältnis der tatsächlich aufgezogenen und schließlich zum Verkauf kommenden Lämmer zu den zugelassenen Schafen. Diese Produktivitätszahl wird gegenüber dem Ablammergebnis negativ beeinflußt durch güst bleibende Schafe, aber auch durch Lämmerverluste. Die Lämmerverluste sind bei Mehrlingsgeburten im allgemeinen höher als bei Einzellämmern, auch kommt es gelegentlich vor, daß ein Schaf ein Lamm nicht annimmt. Die Zahl der Totgeburten steigt mit dem Ablammergebnis: bei Einzellämmern liegt sie bei einem, bei Zwillingslämmern bei zwei, bei Drillingen bei fünf und bei Vierlingen bei 13 Prozent! Auch güste Schafe sind relativ selten; bleibt ein gedecktes Schaf leer, lohnt es nicht, bis zum nächsten Lammen zu warten und dann vielleicht abermals enttäuscht zu werden. Gerade im Kleinbetrieb ist es möglich, durch konsequente Auslese die Fruchtbarkeit zu steigern und die Aufzuchtverluste gering zu halten, so daß eine Produktivität von 200 Prozent, also zwei aufgezogene Lämmer pro Mutterschaf, über viele Jahre hinweg ein durchaus realistisches Ziel ist.

Das dritte F, die Frohwüchsigkeit, umschreibt die Fähigkeit der Lämmer, Futter in Fleisch umzuwandeln und in etwa sechs Monaten das angestrebte Verkaufsgewicht von 50 Kilogramm zu erreichen. Auch hier haben über die genetisch verankerte Veranlagung hinaus die Umweltbedingungen natürlich einen sehr großen Einfluß. Die beste Veranlagung hilft wenig, wenn das Futterangebot in der Entwicklungs- und Wachstumsperiode schlecht ist, und Lämmer von an sich wenig frohwüchsigen Rassen entwickeln sich unter besonders günstigen Bedingungen überdurchschnittlich, selbst wenn sie nicht in sechs Monaten auf ein Gewicht von 50 kg kommen.

Zur Frohwüchsigkeit gehört auch die Schlachtkörperqualität. Mit anderen Worten: es genügt nicht, wenn ein Lamm wohl nach sechs Monaten auf ein Gewicht von 50 Kilogramm kommt, die wertbestimmenden Körperteile, wie Rücken und Keulen, aber schlecht ausgebildet sind. Das Lamm würde dann bei dem Verkauf in eine ungünstige Kategorie und Handelsklasse eingestuft.

Neben diesen drei wichtigsten Faktoren werden noch einige andere Eigenschaften in der Zucht angestrebt. Die Mutterschafe sollten leicht und problemlos lammen, so daß möglichst keine Geburtshilfe erforderlich wird und keine Verluste auftreten. Sie sollten gute Mütter sein, die ihre Lämmer gern annehmen und reichlich Milch haben. Auch Widerstandsfähigkeit und Gesundheit sind erwünscht, während etwa eine in Qualität hohe Wolleistung als Zuchtziel weitgehend an Bedeutung verloren hat.

Durch die Zucht lassen sich die Grundlagen schaffen, die durch eine entsprechende Haltung dann zu dem gewünschten Ergebnis führen. Im Prinzip basiert jede planmäßige Zucht darauf, Elterntiere, die beide dem Zuchtziel so weit wie möglich entsprechen, zusammenzuführen, und von dem Nachwuchs nur jene Tiere zur Zucht weiter zu verwenden, bei denen diese Eigenschaften besonders ausgeprägt sind. Im Laufe der Zeit wird durch diese Auslese die genetische Grundlage so weit gefestigt, daß „Ausreißer“ selten sind und die Nachzucht einheitlich die erwünschten Eigenschaften hat. So sind die Schafrassen entstanden.

Nur selten sind alle erwünschten Eigenschaften gleichmäßig stark ausgeprägt. Das Milchschaf etwa zeichnet sich durch sei-

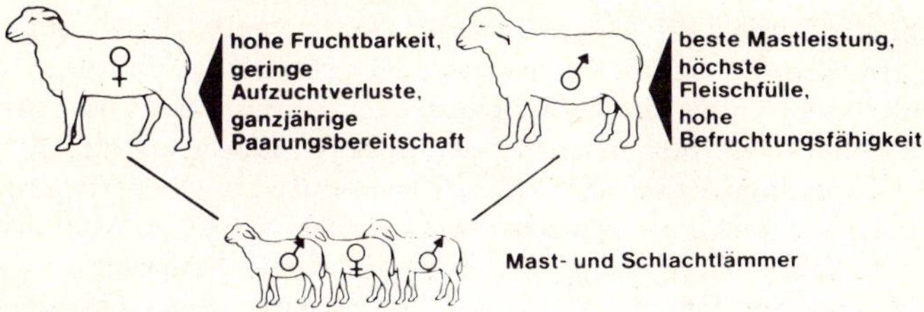

Abb. 16 Kreuzungslämmer: hohe Ablammquote, gute Gewichtszunahme und Schlachtkörper-Qualität

ne überragende Fruchtbarkeit aus, die besser ist als bei allen anderen Rassen. Es ist auch sehr frühreif, und die Lämmer dieses großrahmigen Schafes können durchaus auf das angestrebte Verkaufsgewicht von 50 Kilogramm innerhalb von sechs Monaten gebracht werden. Allerdings ist seine Schlachtkörperqualität weniger gut, obwohl hier Fortschritte zu verzeichnen sind. Umgekehrt ist das Texelschaf wohl nicht so fruchtbar wie das Milchschaf, aber gleichfalls frühreif und hat vor allem eine gute Schlachtkörperqualität. Es bietet sich also an, ein Milchschaf von einem Texelbock decken zu lassen und als Ergebnis dieser Kreuzung auf ein hohes Ablammergebnis und eine gute Schlachtkörperqualität zu hoffen. Diese Nachzucht hätte dann aber weder die Milchleistung der Mutter, noch käme sie ganz an die Schlachtkörperqualität des Vaters heran. Dennoch können die Vorteile einer gezielten Kreuzungszucht gegenüber einer Rassezucht überwiegen.

Es ist sogar möglich, die erwünschten Eigenschaften von drei Rassen zu kombinieren, um ein bestimmtes Ergebnis zu erreichen. Vielleicht sind die Umweltbedingungen etwas ungünstig, so daß man sich neben den wirtschaftlich orientierten Kriterien die Genügsamkeit einer ursprünglichen Landschafrasse wünscht. Dann würde man zum Beispiel ein Milchschaf von einem Heidschnuckenbock decken lassen, um auf diese Weise zunächst Zuchttiere zu bekommen, die vom Vater die Genügsamkeit, von der Mutter die Frühreife und Fruchtbarkeit erben. Umgekehrt, also bei der Kreuzung von Heidschnucken-Mutter und Milchschaf-Vater, sind Schwierigkeiten zu erwarten. Die Lämmer sind im Verhältnis zur Mutter sehr groß, was zu vermehrten Totgeburten führen würde. Außerdem wäre ein geringeres Ablammergebnis zu erwarten, weil dieses vor allem von den gleichzeitig während der Brunst abgestoßenen Eiern abhängt, die bei einem Milchschaf wesentlich größer ist als bei einer Heidschnucke.

Die weiblichen Lämmer einer solchen Kreuzung sind dann die eigentliche Zuchtbasis. Ihnen wird ein Bock zugeführt, der die noch fehlende Komponente einbringt, also gute Schlachtkörperqualität und hohe Mastleistung vererbt — etwa der Texelbock. Das Ergebnis einer solchen Dreirassen-Kreuzung sollten zahlreiche Lämmer mit guter Schlachtkörperqualität und dennoch großer Genügsamkeit sein.

Einfacher ist es jedenfalls, Reinzucht innerhalb einer Rasse zu betreiben und zu versuchen, deren positive Eigenschaften durch Auslese zu optimieren. Wohl ist es möglich, durch eine gekonnte Kreuzungszucht rascher zum Ziel zu kommen, viele Lämmer guter Qualität zu erzeugen, aber eine gekonnte Kreuzungszucht verlangt Erfahrung und Wissen. Außerdem wird im Kleinbetrieb die Basis für eine planmäßige Kreuzungszucht etwas schmal sein.

Wer sich dazu entschlossen hat, Schafe zu halten und zu züchten, wird sich entweder im Frühsommer einige weibliche Absatzlämmer einer ihm geeignet erscheinenden Rasse kaufen, die er dann aufzieht und im Herbst von einem dazu passenden Bock decken läßt, oder aber er wird im Herbst einige bereits gedeckte Jungschafe erwerben. In jedem Fall werden die Schafe unverwechselbar gekennzeichnet, durch Tätowierung, durch Ohrmarken, Ohrkerben oder auch durch Halsbänder. Es ist nämlich unerläßlich für eine planmäßige Zucht, über die Leistungen jedes einzelnen Schafes Buch zu führen und unterdurchschnittliche Schafe unverzüglich zu ersetzen. Falls ein

Schaf nicht lammen sollte, kann es möglicherweise nicht gedeckt worden sein und später voll befriedigen, aber es kann auch güst sein. Es wird sich kaum lohnen, ein Risiko einzugehen und das Schaf noch ein weiteres Jahr zu füttern. Ein Einzellamm kann hingegen bei einem Jungschaf toleriert werden; im nächsten Jahr sollte es dann allerdings Zwillingslämmer haben. Falls weibliche Lämmer zur Zucht aufgezogen werden, trifft man die Auswahl unter den Mehrlingslämmern, nicht unter den Einzellämmern, auch wenn diese kräftiger sind, da ja die Neigung zu Mehrlingsgeburten erblich und die Fruchtbarkeit der wichtigste Faktor bei der Zucht ist.

Nachdem der Bestand jene Stärke erreicht hat, die nach der vorhandenen Futterfläche, dem Stallraum oder aus anderen Gründen angemessen ist, wird er systematisch, vor allem im Hinblick auf die Fruchtbarkeit, auf ein möglichst hohes Niveau gebracht. Auch wird man eine gut gemischte Altersstruktur anstreben. Der Anteil an Einzellämmern geht bis zur dritten Ablammung zurück, oder, anders ausgedrückt, der Anteil der Mehrlingsgeburten steigt bis zur dritten Ablammung. Es läßt sich nicht allgemeingültig sagen, in welchem Alter die Fruchtbarkeit zurückgeht. Ein gutes Schaf kann durchaus achtmal lammen. Üblich ist ein fünf- oder sechsjähriger Umtrieb, was bei frühreifen Schafen bedeutet, daß sie auch fünf- oder sechsmal lammen. Haben alle Schafe des Bestandes das gleiche Alter, müßte alle paar Jahre der gesamte Bestand durch Lämmer ersetzt werden, was aus mancherlei Gründen wenig zweckmäßig ist. Besser ist es, jährlich (bei fünfjährigem Umtrieb) 20 Prozent des Bestandes auszumerzen und durch Zutreter zu ersetzen, also durch weibliche Lämmer. Auf diese Weise würde bei einer kleinen Koppelschafhaltung mit einem Bestand von fünf oder sechs Schafen jährlich nur ein Schaf zu ersetzen sein.

In einem solchen kleinen Bestand kann es schwierig sein, einen geeigneten Bock zu finden. Ein Bock vermag etwa 60 Schafe zu decken, und es ist ganz offensichtlich unwirtschaftlich, für einige wenige Schafe einen Bock zu halten. Außerdem kann man unangenehme Überraschungen erleben, wenn der Bock ständig gemeinsam mit den Schafen gehalten wird und diese keine streng jahreszeitliche Brunst mit Beginn im September haben. Eine getrennte Bockhaltung aber ist in einem Kleinbetrieb mit zusätzlichem Arbeitsaufwand verbunden. Andererseits ist es nicht ratsam, den ersten besten Bock aus der Nachbarschaft zuzulassen, denn dessen Einfluß auf den Nachwuchs und damit auf den wirtschaftlichen Erfolg der Schafhaltung ist erheblich.

Bocklämmer frühreifer Rassen werden bereits im Alter von sechs oder sieben Monaten geschlechtsreif. Sie nehmen auch rascher zu als weibliche Lämmer, so daß sie normalerweise vor dem sechsten Lebensmonat verkauft werden, solange sie noch als Milchlämmer gelten. Behält man ein Bocklamm länger, deckt es die Schafe, ob man das beabsichtigt hat oder nicht. Die Tatsache, daß man einem Lammbock nicht mehr als 20 Schafe (Jährlingsbock: 40 Schafe) zuführen sollte, ist im Kleinbetrieb ohne Bedeutung. Allerdings ist dieses Verfahren nicht unbegrenzt anzuwenden, denn mit der Zeit können Inzuchtfolgen auftreten. Nach dem Tierzuchtgesetz sind gekörte Böcke vorgeschrieben. Wenn der Bestand bereits ein hohes Niveau erreicht hat, das es zu erhalten gilt, ist gegen eine maßvolle Inzucht wenig einzuwenden, denn sie stabilisiert dieses Niveau, allerdings auch eventuell vorhandene unerwünschte Eigenschaften. Meistens wird es besser sein, mit einem fremden Bock, der bestimmte erwünschte Eigenschaften in besonders ausgeprägter Form besitzt, die Nachzucht zu beeinflussen.

Was geschieht mit Bocklämmern, die länger als sechs Monate gemästet, aber nicht zur Zucht verwendet werden sollen? Sie müssen kastriert werden, und zwar im Alter von wenigen Wochen. Das geschieht am besten nach der unblutigen Methode durch einen Gummiring, der mittels einer Spezialzange über den Hodensack geschoben wird, was jeder Tierarzt macht.

Nicht immer ist eindeutig zu erkennen, wenn ein Schaf brünstig ist, vor allem nicht von Anfängern in der Schafhaltung. Die Brunst dauert zwei bis drei Tage; hat das Schaf nicht aufgenommen, kehrt sie nach 16 bis 17 Tagen wieder. Um sicherzugehen, sollte der Bock gut einen Monat bei den Schafen bleiben. Will man wissen, wann welche Schafe gedeckt worden sind, kann man die Brust des Bockes mit einer speziellen Farbpaste einreiben oder ihm ein Farbkissen umschnallen. Wechselt man nach zwei Wochen die Farbe, sieht man auch, welche Schafe erst im zweiten Anlauf gedeckt wurden und weiß, wann bei jedem Schaf mit dem Ablammen zu rechnen ist. Wird ein Bock schon vor dem gewünschten Decktermin zusammen mit den Schafen gehalten, verhindert man ein erfolgreiches Decken durch eine Schürze, die ihm umgebunden wird und die wohl ein Bespringen erlaubt, ein Befruchten aber verhindert.

Das Ablammen bereitet insbesondere Anfängern einige Sorge, wird doch immer wieder dringend empfohlen, dabei zugegen zu sein, um Geburtshilfe leisten zu können, damit keine Verluste auftreten. Leider ist die Tragzeit von 150 Tagen nicht mehr als ein sehr grober, nach oben aufgerundeter Mittelwert – es können bei zwei am gleichen Tag gedeckten Schafen Abweichungen im Ablammtermin von zehn Tagen oder gar noch mehr auftreten! Auch innerhalb der verschiedenen Rassen sind Unterschiede feststellbar: Schwarzköpfige Fleischschafe tragen meist ein paar Tage weniger, Merinoschafe ein paar Tage länger. Nun wird man ja meistens bei ein paar „nebenbei" gehaltenen Schafen nicht wochenlang 24 Stunden am Tag ständig bei den Schafen verbringen können, um gegebenenfalls einzugreifen.

Im groben Durchschnitt liegt der Anteil toter Lämmer bei Rassen mit hoher Ablammquote zwischen drei und fünf Prozent. Die meisten dieser Lämmer werden bereits tot geboren, so daß dieser Anteil durch menschliche Geburtshilfe kaum beeinflußt werden kann. Dementsprechend selten ist die Notwendigkeit, helfend einzugreifen, obwohl es gelegentlich durchaus vorkommen kann, daß dadurch Mutter und Lamm gerettet werden können. Vermeiden sollte man vor allem, Schafe kleinwüchsiger Rassen, wie Heidschnucken, von einem großen Fleischschafbock decken zu lassen, da durch das höhere Geburtsgewicht der Lämmer der Anteil an Tot- und Schwergeburten deutlich ansteigt.

Wie bereits erwähnt, stehen auch die anspruchsvolleren Fleischschafrassen den Wildtieren noch recht nahe. Sie lammen meistens problemlos, so daß es unnötig ist, sich als Anfänger allzu große Sorgen wegen eventueller Probleme zu machen. Es würde im Rahmen dieses Büchleins zu weit führen, eine Anleitung zur Geburtshilfe zu geben; bei Schwierigkeiten, auch in der Zeit nach der Geburt, wird ohnehin ein Tierarzt hinzugezogen werden müssen.

Das Milchschaf

Wenn bisher das Milchschaf bereits mehrfach erwähnt worden ist, dann eigentlich nur sehr beiläufig wegen jener Eigenschaft, die es vor allen anderen Schafrassen auszeichnet und ihm seinen Namen gegeben hat: seiner Milchleistung. Die planmäßige Zucht über viele Jahrhunderte hinweg mit dem Hauptziel einer Steigerung der Milchleistung hatte nämlich einige höchst interessante und erwünschte Nebenwirkungen: das Milchschaf ist großrahmig, frühreif und vor allem ganz außerordentlich fruchtbar! Da die Fruchtbarkeit, wie wir bereits wissen, der wichtigste Faktor zum wirtschaftlichen Erfolg in der Schafhaltung ist, wird die Milchschafhaltung auch dann interessant, wenn die Milchleistung aus irgendwelchen Gründen nicht genutzt wrden kann. In der gezielten Kreuzungszucht ist das Milchschaf sehr wertvoll, um neben seiner Frühreife vor allem seine konkurrenzlose Fruchtbarkeit einzubringen. Man muß ein Milchschaf also keineswegs unbedingt melken, auch wenn es schade wäre, leichtfertig auf die Milch zu verzichten. Wird nach dem Lammen nicht die Milchproduktion durch das Saugen der Lämmer und später durch das Melken am Fließen gehalten, bildet sie sich zurück. Deshalb sollten auch jene Schafhalter dieses Kapitel lesen, die nicht an eine Milchnutzung denken.

Wenn wir von „dem" Milchschaf sprechen, dann meinen wir immer das Ostfriesische Milchschaf, wie es nach seiner Heimat korrekt heißt. Dort wird es seit vielen Jahrhunderten konsequent gezüchtet, sein Ursprung verliert sich in grauer Vergangenheit. Überall in der Welt, wo Schafe zur Milchnutzung gehalten werden, wird entweder das Ostfriesische Milchschaf rein gezüchtet oder es wurde in bodenständige Rassen eingekreuzt und hat deren Leistung wesentlich verbessert. In Deutschland hat sich der Schwerpunkt der Milchschafzucht von der eigentlichen Heimat Ostfriesland auf das Rheinland und auf Westfalen verlagert.

Das Milchschaf vereinigt in sich die drei „F", die bei den Fleischschafrassen als erstrebenswertes Zuchtziel genannt wurden, in hohem Maße. Mit dem dritten F, der Frohwüchsigkeit, ist es aber heute bei der Zucht von Fleischschafen allein nicht mehr getan. Das angestrebte Durchschnittsgewicht von 50 kg bei sechs Monate alten Lämmern wird verhältnismäßig leicht erreicht, die Schlachtkörperqualität aber steht hinter jener der reinen Fleischschafrassen zurück. Immerhin sind hier in den letzten Jahren erhebliche Verbesserungen erreicht worden, und es gibt bereits Milchschafböcke, die ein Gewicht von 150 kg erreichen! Vor allem im Rheinland hat man sich große Verdienste um die Verbesserung der Fleischleistung von Milchschafen erworben, und das Versuchsinstitut Eickelborn im Rheinland hat im langjährigen Durchschnitt die Schlachtkörperqualität mit I, teilweise sogar mit E bewertet!

Durch seine Milchleistung tritt das Milchschaf in den Wettbewerb mit der Ziege. Ihr gegenüber hat es einige gewichtige

Vorteile, wenn man einmal von Gegenden absieht, in denen das Schaf keine ausreichende Weide mehr findet, die Ziege aber von Sträuchern und Gebüsch satt wird. An sich ist das Milchschaf bescheidener in seinen Weideansprüchen, obwohl eine hohe Milchleistung selbstverständlich auch eine gute Weide voraussetzt. Bescheidener ist es auch in seinen Ansprüchen an den Stall; es wird wesentlich schwerer und liefert einen zusätzlichen Wollertrag. Während die Ziege recht witterungsempfindlich ist, schadet schlechtes Wetter dem Milchschaf kaum. Wohl gibt die Ziege im Durchschnitt mehr Milch als das Schaf, aber dessen Milch ist fast geschmacksfrei und wesentlich fettreicher. Bei all den vielen Vorteilen des Milchschafes ist es kein Wunder, daß der Deutsche Siedlerbund in den schlechten Jahren zeitweise die Milchschafhaltung vorgeschrieben hatte.

Die durchschnittliche Wolleistung des Milchschafes liegt bei etwa 5 kg/Jahr. Es handelt sich um eine verhältnismäßig grobe Wolle (Sortiment C–D). Wohl ist der Wollertrag heute von untergeordneter Bedeutung, aber er unterstreicht die Vielseitigkeit des Milchschafes. Mehr über Wolle im nächsten Kapitel.

Das Milchschaf gilt bei uns seit jeher als wenig geeignet für die Herdenhaltung und wird fast ausschließlich in Kleinbetrieben gehalten, was einer der Gründe ist, daß es trotz seiner vielen Vorzüge nur einen Marktanteil von kaum mehr als zwei Prozent am gesamten deutschen Schafbestand hat. Wahrscheinlich ist das Milchschaf ebenso gut zur Herdenhaltung geeignet wie andere Schafe auch, es dürfte früher nur Schwierigkeiten mit der Bewältigung des Handmelkens bei größeren Herden gegeben haben. Heute ist bei uns schon wegen der einfacheren Vermarktung und der Subventionierung die Kuh als Basis eines Milchbetriebes interessanter. In manchen südlichen Ländern aber werden beachtlich große Milchschafherden gehalten, die ebenso wie bei uns die Kühe in automatischen Melkanlagen gemolken werden! In Deutschland werden solche automatischen Melkanlagen für Schafe in allen Größen, selbst für

Kleinbetriebe, von der Firma Westfalia Separator in 4740 Oelde, Postfach 374, hergestellt. Notwendig sind solche Anlagen in einem Kleinbetrieb nicht, wohl nicht einmal zweckmäßig, aber vielleicht tragen sie in einigen Fällen dazu bei, die Hemmungen gegenüber der Haltung von Milchschafen abzubauen.

Der vermutlich entscheidende Grund gegen eine stärkere Verbreitung des Milchschafes im Kleinbetrieb liegt wohl am Melken. Gewiß erfordert es etwas Zeit, zweimal täglich zu melken, zumal die Schafe dazu meistens in den Stall getrieben werden. Mehr aber dürfte die Scheu vor dem vermeintlich so schwierigen Handmelken viele potentielle Interessenten von der Milchschafhaltung abschrecken, und in unserer Wohlstandsgesellschaft scheint der materielle Wert der Milch in keinem rechten Verhältnis zum Aufwand zu stehen.

Leider können die Bedenken der Anfänger gegen das Handmelken nicht einmal als unzutreffend abgetan werden. Das Schafeuter ist kurz, hängt hoch zwischen den Schenkeln und hat zwei kurze Zitzen. Die wenigen Melker, die wirklich in der Lage sind, Vergleiche anzustellen, bezeichnen meist das Melken des Schafes gegenüber der Kuh als schwieriger. Es ist allerdings nicht so schwierig, als daß nicht buchstäblich jeder es unter sachkundiger Anleitung erlernen könnte. Die zuständigen Landesschafzucht-Verbände sollten in der Lage sein, auf Anfrage einige Milchschafhalter unter ihren Mitgliedern zu benennen, von denen sich Anfänger einweisen lassen können.

Meistens wird man ja als Anfänger damit beginnen, sich einen Bestand aus jungen Tieren aufzubauen. Natürlich beginnt die Milchabsonderung erst dann, wenn das Schaf gelammt hat und die Milch durch das Sauglamm und später durch das Melken bis dicht an das nächstjährige Ablammen am Fließen gehalten wird. Vor allem erstmals lammende Jungschafe müssen erst vorsichtig daran gewöhnt werden, daß eines Tages statt des Lammes der Melker die Milch abnimmt. Sie neigen dazu, die Milch zurückzuhalten. Wird nicht richtig ausgemolken, ist nicht nur der unmittelbare Ertrag geringer, sondern auch die Milchabsonderung läßt mittelbar nach. Zuerst wird das Euter mit Melkfett eingerieben und dabei massiert (Aufrüsten). Mehr als bei der Kuh muß man bei dem Schaf wegen seiner Euterform „strippen", im übrigen die ähnlichen Handgriffe — Schütteln, Kneten, Raffen — anwenden. Am Ende des Melkens darf sich auch der Ansatz des Euters zwischen den Schenkeln nicht mehr fest anfühlen. Wenn das Schaf nicht wiederkäut, sondern „aufbuckelt", hält es meistens seine Milch zurück. Leichte Klapse mit der Hand gegen die Unterseite des Euters imitieren das auffordernde Stoßen der Lämmer und veranlassen das Schaf oft, die Milch fallenzulassen. Abschließend wird noch einmal massiert und das Euter ausgemolken (Abrüsten).

Solange die Lämmer die Muttermilch beanspruchen, kann nicht gemolken werden, es sei denn, man entscheidet sich gleich für die künstliche Aufzucht. Bei drei, vier oder gar fünf Lämmern, wie sie bei den Milchschafen vorkommen, wird man sich die künstliche Aufzucht ernsthaft überlegen müssen. Der Hauptnachteil ist die damit verbundene Mehrarbeit, insbesondere bei individueller Flaschenfütterung. Sind mehr Lämmer aufzuziehen, gibt es Eimertränken mit sechs Saugern oder Lämmerbars für zwölf Lämmer. Die künstliche Aufzucht wäre eigentlich ein Kapitel für sich; einer ihrer Vorteile liegt darin, daß sich die natürlich aufgezogenen Lämmer von Milchschafen im dritten Lebensmonat nur sehr schwer absetzen lassen, da sie der überreichlich sprudelnden mütterlichen Milchquelle noch immer den Vorzug geben. Deshalb müssen natürlich aufgezogene Lämmer nach dem Absetzen mindestens sechs Wochen von den Muttertieren getrennt gehalten werden.

Wieviel Milch gibt ein Milchschaf? Als guter Jahresdurchschnitt gelten 600 Liter (oder, richtiger, Kilogramm). Das sind noch „gesunde" Werte; Spitzenleistungen liegen weit höher, aber bei mehr als 1000 Kilogramm ist der erforderliche Aufwand bei der Haltung und Fütterung der Rekordsucht zuliebe etwas artentfremdet — meint der Autor. Nach dem Ablammen ist die tägliche Milchleistung am größten; sie nimmt allmählich ab, dafür aber nehmen die Fettprozente zu.

Der am stärksten den Wert bestimmende Anteil der Milch ist der Fettgehalt. Bei Kuh- und Ziegenmilch gilt ein Fettgehalt von vier Prozent im Durchschnitt als erstrebenswertes Ziel, Schafmilch sollte nicht unter sechs Prozent liegen! Der Fettgehalt bestimmt u. a. Qualität und Quantität der Veredelungsprodukte wie Butter und Käse, die daraus hergestellt werden können. Spitzenleistungen im Fettgehalt der Schafmilch seien besser verschwiegen, um falsche Erwartungen zu vermeiden.

Wer sich zur Haltung von Milchschafen entschließt, muß, wenn er deren Milchertrag nutzen will, einen erheblich höheren Arbeitsaufwand gegenüber Fleischschafen einkalkulieren. Inwieweit der wirtschaftliche Gewinn dementsprechend höher ausfällt, ist zweifelhaft. Dafür aber entspricht die zweckbezogene Haltung von Milchschafen mehr als bei jedem anderen Tier einer gewissen Selbstversorger-Ideologie, die hohe Befriedigung erbringen kann.

Die Nebenprodukte: Wolle und Mist

Die verarbeitete Schafwolle war viele Jahrhunderte lang die einzige Alternative einer Bekleidung zu den mehr oder (meist) weniger weich gegerbten Fellen der erlegten Tiere. Zu den begehrtesten Tauschartikeln weißer Händler bei den Indianern zählten Wolldecken, die im Vergleich zu Tierhäuten wunderbar weich waren, gut wärmten und nach einem Regen verhältnismäßig rasch wieder trockneten. Das vermeintlich so praktische Leder als derbe Wildnis-Kleidung ist tatsächlich recht unzweckmäßig, und so mancher deutsche Jäger hat sich in Alaska oder Kanada den Spott der Einheimischen zugezogen, wenn er mit zünftiger Lederkleidung zur Jagd ausrückte. Einmal naß gewordenes Leder trocknet sehr langsam, und es ist selbst mit unseren heutigen Kenntnissen keine ganz einfache Kunst, es so zu gerben, daß es auch anschließend wieder schön weich wird. Die Wolle war als Rohstoff der Bekleidung unserer Vorfahren also von geradezu grundlegender Bedeutung. Je feiner die Wolle, um so feiner konnte das daraus gefertigte Kleidungsstück sein. Durch Mutation entstanden die Merinoschafe, die eine unglaublich feine Wolle lieferten. Spanien hatte praktisch ein Merino-Monopol, und mehr als zwei Jahrhunderte lang war die Ausfuhr von Merinoschafen bei Todesstrafe verboten. Alle heutigen Feinwoll-Schafrassen basieren auf diesen Merinos. Die Wollfeinheit wird in Buchstaben von A bis E ausgedrückt; mehrere Buchtsaben verstärken den ausgedrückten Grad der Feinheit. Das berühmte sächsische Elektoralschaf, ein Merino-Abkömmling, brachte es auf eine Feinheit bis zu AAAAA, was allerdings nur noch von historischem Interesse ist. Unsere heutigen Merinos liegen zwischen AA und AB, die meisten Fleischschafe zwischen C und D, Landschafe wie Heidschnucken kommen bis auf EE. Anfang des 19. Jahrhunderts kam extrem feine Wolle etwas „aus der Mode", wie wir heute sagen würden, die Kammgarnspinnereien verarbeiteten auch gröbere Wolle, der Schwerpunkt der Wollerzeugung verlagerte sich von der extremen Feinheit auf den Gewichtsertrag. Ein Elektoralschaf mit superfeiner Wolle hatte ein Vließgewicht von etwa einem Kilogramm, später kam man bei Qualitäten von AA auf mehr als fünf Kilogramm! Zusätzlich verbesserte sich der Reinwollgehalt. Schurwolle besteht zum großen Teil aus Schweiß, Wasser, Schmutz usw. Der Reinwollgehalt ist wertbestimmend; bei den Elektoralschafen lag er noch unter 30 Prozent, heute liegt er meistens zwischen 40 und 50 Prozent.

Früher schor man die Schafe zweimal jährlich. Der Mehrertrag ist aber gering. Geschoren wird entweder unmittelbar vor der Winteraufstallung, wenn der Stall genügend warm ist, oder aber im Mai/Juni. In jedem Fall soll das Vließ im Spätherbst wieder den benötigten Witterungsschutz bieten können. Die im zeitigen Frühjahr geborenen Lämmer könnten an sich im August geschoren werden, haben dann einen vollen Wollertrag und bis zum Spätherbst wieder genügend Wolle als Witterungsschutz angesetzt. In der Praxis freilich werden Lämmer kaum geschoren, da sie nach Lebendgewicht verkauft werden und der Wollpreis unter dem Fleischpreis liegt! Vielleicht ändert sich das noch einmal.

Schafe können von Hand oder mit der Maschine geschoren werden. Bei den wenigen Schafen eines Kleinbetriebes genügt eine Handschermaschine völlig – ein geübter Scherer schafft damit immerhin etwa 30 Schafe am Tag, mit einer elektrischen Maschine freilich das Mehrfache. Bei dem Scheren liegen die Schafe möglichst erhöht auf einem Tisch oder einer Bank, das Scheren beginnt damit, daß das Vließ durch einen Schnitt von der Innenseite der Hinterbeine über den Bauch bis zum Kopf geteilt wird. Anschließend wird es so abgeschoren, daß das Vließ ganz bleibt; eventuelle kleinere Verletzungen des Schafes werden desinfiziert. Wie bereits erwähnt bietet es sich an, die Schafe in Verbindung mit dem Scheren einem Bad und einer Klauenbehandlung zu unterziehen. Selbstverständlich wird man frisch geschorene Schafe möglichst vor extremen Witterungseinflüssen schützen. Statt die Schafe selbst zu scheren, kann man sie von herumreisenden professionellen Scherern für wenig Geld im Lohn scheren lassen, wenn man mit seinen paar Schäfchen nicht allzu abseits wohnt.

Wenn der Wollpreis so außerordentlich gesunken ist, daß sich die Schafhaltung der Wolle wegen nicht mehr lohnt, dann liegt das an mancherlei Ursachen. Die Baumwolle und noch mehr die modernen Kunstfasern haben dazu beigetragen, aber auch die Wollproduktion in Ländern wie Australien oder Neuseeland, wo die Schafhaltung die einzige mögliche Nutzungsform ist, die Schafe sehr extensiv gehalten werden können und kaum Kosten verursachen. Es stünde noch viel schlechter um unsere deutschen Wollpreise, wenn nicht die Deutsche Wollverwertung in Paderborn und Neu-Ulm sich im Interesse der deutschen Schafhalter sehr um den An- und Verkauf bemühen würde.

Wer Schafe als Hobby hält, kommt vielleicht gelegentlich auf die Idee, seine selbst gewonnene Wolle auch selbst zu verarbeiten — zu verspinnen. Alte Original-Spinnräder sind mittlerweile seltene und teure Dekorationsstücke geworden, aber es gibt auch brauchbare Neuanfertigungen. Das Spinnen erfordert eine gewisse Übung, die man sich allerdings bald aneignet. Wohl ist es ein mühsamer und langweiliger Prozeß, aber es kann schon ein berechtigtes Gefühl der Befriedigung bereiten, wenn man ein Kleidungsstück trägt, dessen Wolle von eigenen Schafen stammt, die dann selbst gesponnen und schließlich gestrickt oder anderweitig verarbeitet wurde. Auf das Weben und andere Formen der Wollbearbeitung wollen wir hier nicht näher eingehen, weil der Aufwand zu groß wäre.

So viel zur Wolle, die noch immer in einem traditionell hohen Ansehen steht, obwohl zumindest ihre wirtschaftliche Bedeutung gering geworden ist. Viel geringer ist da das Ansehen eines anderen Nebenproduktes der Schafhaltung, des Mistes. Die Volksmeinung über den Mist ist sprichwörtlich schlecht: wenn wir uns über irgend etwas besonders abfällig äußern wollen, bezeichnen wir es schlankweg als „Mist". Wer Schafe nur als Rasenmäher hält und sonst keinerlei Land in irgend einer Form nutzbringend bearbeitet, mag in der Tat Kot und Urin der Schafe als lästigen Abfall empfinden. Wo immer aber Land bewirtschaftet wird, und sei es auch ein Küchengarten, ist Schafmist ganz außerordentlich wertvoll.

Jede Pflanze verbraucht Nährstoffe, die in der Natur dem Boden entnommen und bei der irgendwann erfolgenden Verrottung wieder zugeführt werden. Werden die Pflanzen geerntet oder abgeweidet, sind die Nährstoffe des Bodens bald erschöpft. Sie müssen ersetzt werden, was seit der Erfindung der Kunstdünger auch geradezu zum Kinderspiel geworden ist. Über mögliche negative Auswirkungen dieser Mineralsalze soll hier nicht geurteilt werden, wohl aber darüber, daß dem Kunstdünger eine ganz wesentliche Substanz zur Gesunderhaltung des Bodens fehlt, nämlich Humus. Mist enthält sowohl Dünger als auch Humus und ist deshalb zur Gesunderhaltung und Verbesserung des Bodens geradezu ideal, fehlt aber heute in den meisten Kleinbetrieben. Kompost und Torf können in Verbindung mit Kunstdüngern Mist ersetzen, aber dessen bodenverbessernde Wirkung ist unerreicht. Nun ist Mist nicht gleich Mist, und die einmalige Sonderstellung der Ausscheidungen des Schafes wird aus der folgenden Aufstellung deutlich:

100 kg Mist enthalten	Org. Substanz kg	Kali kg	Kalk kg	Phosphorsäure kg	Stickstoff kg
Pferdemist	25	0,53	0,30	0,25	0,58
Pferdeharn	7	1,50	0,15	0,05	1,30
Rindermist	20	0,55	0,45	0,25	0,45
Rinderharn	3	1,50	0,02	0,10	1,25
Schweinemist	25	0,55	0,01	0,20	0,45
Schweineharn	2,5	1,00	0,02	0,05	0,50
Schafmist	30	0,67	0,30	0,25	0,85
Schafharn	0	1,80	0,35	0,10	1,60

Schafmist gehört zu den sogenannten hitzigen Düngern, die hohe Löslichkeit seines Stickstoffanteils wird hervorgehoben.

Kot gesunder Schafe erinnert in Größe und Form an Erbsen, ist verhältnismäßig fest und verteilt sich auf der Weide gut, vor allem dann, wenn sie als Portions- oder Umtriebsweide genutzt wird. Dadurch wird die Weide zusätzlich gedüngt. Die eigentliche Mistgewinnung erfolgt im Tiefstall während des Winters. Die von Schafen erzeugten Mistmengen sind erheblich. Ein Schaf produziert etwa 50 Zentner Mist pro Jahr, und wenn man den Tiefstall, wie üblich, nur ein- oder zweimal jährlich leert, kommt schon eine ganz beachtliche Menge auch bei nur wenigen Schafen zusammen. Da Schafmist ziemlich trocken ist, empfiehlt es sich, bei gutem Wetter im Winter die Schafe auszutreiben, den Mist kräftig zu wässern und anschließend frisch und trocken einzustreuen.

Etwas umständlicher ist die Verwertung des Schafmistes bei einstreuloser Haltung, also auf Spaltenböden oder auf Lochblechböden. Bei kleineren Beständen hat es sich bewährt, den Kot zusammen mit anderen Abfällen zu kompostieren, ansonsten wird er im Herbst in konzentrierter Form untergepflügt und dient vor allem als wuchskräftiger Dünger für Hackfrüchte.

Die Gesundheit unserer Schafe

Auch bei Wildtieren treten Krankheiten auf, allerdings gibt es meist nur einen regional begrenzten Befall ansteckender Erkrankungen, weil die Wilddichte (bei unseren Haustieren würden wir von einer Besatzstärke sprechen) äußerst gering ist. Seuchenzüge, die räumlich und zeitlich andauern, wie etwa die **Tollwut,** sind äußerst selten — glücklicherweise, denn gerade die Tollwut beweist ja, wie schwer Krankheiten zu bekämpfen sind, die von Wildtieren übertragen werden. Auch Schafe können von Tollwut befallen werden, sogar relativ leicht, wenn sie in Waldnähe geweidet werden; Tollwut wird fast ausschließlich durch den Fuchs verbreitet.

Die Besatzdichte bei unseren Haustieren ist im Vergleich zu Wildtieren außerordentlich hoch, und bei den auf engem Raum zusammenlebenden Tieren können sich Krankheiten natürlich wie ein Lauffeuer verbreiten. Außerdem tritt immer dann ein

Abb. 17 Die Klauenbehandlung wird durch eine Schafwiege erleichtert

erhöhtes Krankheitsrisiko auf, wenn die Tiere gezwungen werden, in einer Umwelt (Biotop) zu leben, die ihnen nicht artgerecht ist. Unsere Hausschafrassen sind aus Wildschafen, vermutlich dem Mufflon und dem Arkalschaf, entstanden. Obwohl das Muffelwild auch in unseren Wäldern stellenweise zu finden ist, handelt es sich um kein bodenständiges Vorkommen. Irgendwann sind die Vorfahren unseres Muffelwildes aus dem Mittelmeerraum, aus Korsika und Sardinien, importiert und ausgesetzt worden.

Wenn Muffelwild nicht auf felsigem oder steinigem Boden lebt, treten oft Klauen-Verformungen auf. Noch viel stärker würden bei unseren Hausschafen Klauenkrankheiten auftreten, wenn wir nichts dagegen unternehmen; Schafe bewegen sich im Vergleich zu ihren wilden Vorfahren nur wenig, vor allem

Abb. 18 Transportables Klauenband

bei der Koppelhaltung, und sie laufen so gut wie ausschließlich auf weichem Untergrund.

Viel Respekt vor der Intelligenz unserer Haustiere haben wir nicht. Selbst wenn wir einmal die Exoten, wie Kamel, Affe oder Esel beiseitelassen, beschimpfen wri uns mißliebige Mitmenschen in bunter Folge mit dem Vorwort „dummer" mit allen möglichen Haustiernamen. Selbst der ob seiner Intelligenz und Treue besonders beliebte Hund muß herhalten, von Gänsen oder Schafen ganz zu schweigen. Niemand aber käme auf die Idee, einen geistig angeblich (oder sogar tatsächlich) beschränkten Mitmenschen „dummes Reh" oder „dummer Mufflon" zu titulieren!

Abb. 19 Stationäres Vollbad

Etwas Wahres ist an unserer geringen Achtung der Intelligenz domestizierter Tiere schon dran. Grob verallgemeinernd kann man von der Annahme ausgehen, daß ein Haustier gegenüber seinem noch in freier Wildbahn lebenden Vorfahren um ein volles Drittel „dümmer" ist. Das gilt für Wolf und Hund, für Schwein und Wildschwein, aber auch zum Beispiel für Mufflon und Schaf. Wir haben unseren Haustieren die ständige Sorge um das Überleben, den Daseinskampf, abgenommen. Sie wurden nicht mehr geistig gefordert und bildeten ganz automatisch unbenötigte, brachliegende Eigenschaften zurück. Zudem ist die Zucht unserer Haustiere überwiegend auf einer oder gar auf mehreren anatomischen Deformationen — Mißbildungen — aufgebaut, die meistens in der Natur nicht lebensfähig wären. Nicht nur die unnatürlich üppige Wollleistung ist eine solche züchterisch geförderte und genetisch gefestigte Mißbildung, sondern auch unsere drei berühmten

Abb. 20 So weit darf es nicht kommen: das Schaf rutscht auf den Knien und schont die Klauen (Moderhinke)

„F". Es ist von der Natur nicht vorgesehen, daß ein Schaf im Jahr seiner Geburt bereits erstmals gedeckt wird; mehr als zwei Lämmer kann ein Wildschaf kaum aufziehen, und während die Frohwüchsigkeit eine generationenlange Anpassung an unnatürlich üppige Futterverhältnisse darstellt, ist das, was wir unter einer guten Schlachtkörperqualität verstehen, der freien Beweglichkeit eines Wildtieres hinderlich.

In diesem Kapitel soll ja eigentlich von der Gesundheit unserer Schafe die Rede sein. In der Tat gibt es eine Vielzahl von Büchern über Schafe, die mit einer beängstigenden Aufzählung von Schafkrankheiten geradezu strotzen. Für den Tierarzt und wohl auch noch für den professionellen Schäfer ist das vielleicht eine ganz informative Lektüre, aber was tut wohl ein bedauernswerter Hobby-Halter mit einer solchen verwirrenden und wohl auch abschreckenden Aufzählung von Krankheitsanzeichen? Weltweit werden Schafe unter geradezu erschütternd primitiven Bedingungen gehalten – und sind offenbar kerngesund, bereiten keinerlei Probleme. In Irland etwa finden sich halbwilde Schafe auf gewiß recht kümmerlicher Weide, die wohl keines der drei von uns so geschätzten „F" beanspruchen können, aber offenbar gesund sind.

Eigentlich ist es ja logisch: je weiter sich die Hochleistungs-Schafe vom Standard ihrer Vorfahren entfernt haben, um so anfälliger werden sie, und um so sorgfältiger muß ihre Gesundheit gepflegt werden. Je größer die Besatzstärke, d. h. die künstlich geförderte Ertragsfähigkeit der Weide als Ernährungsbasis, um so leichter breiten sich **Infektionskrankheiten** aus. Wenn einst wertvolle Schutzinstinkte verlorengegangen sind, die Schafe vor schädlichen Pflanzen warnten, kann es zu **Vergiftungserscheinungen** kommen, ebenso, wenn Schafe an Chemikalien gelangen, mit denen wir Ungeziefer usw. bekämpfen oder auch nur düngen wollen. Die Schäferei ist sehr konservativ, neues Gedankengut, neuere Erkenntnisse oder Änderungen der wirtschaftlichen Grundlagen fließen nur langsam ein. In der alten Wanderschäferei war die heute so verbreitete Chemie noch weitgehend unbekannt; die Herde wurde naturgemäß und ohne allzu hohe Ansprüche an die drei „F" gehalten, blieb nicht lange genug am gleichen Ort, um sich zu infizieren, und schließlich konnte der Schäfer dank seines über viele Generationen überlieferten Wissens sowohl vorbeugend als auch behandelnd wirken.

In unserem intensiven Kleinbetrieb haben wir es teils besser, teils aber auch schlechter. Es ist verhältnismäßig einfach, eine kleine „Herde" von zwei, fünf oder zehn Schafen frei von Krankheiten zu halten und die zweckmäßigen Vorbeugungsmaßnahmen durchzuführen. Wenn wir uns mit mittelmäßigen Ergebnissen begnügen wollen, stellt sich der Erfolg fast zwangsläufig ein. Es hat wenig Sinn, wenn wir uns bemühen, die gleichen Kenntnisse über Krankheiten und ihre Behandlung zu erwerben wie ein professioneller Schafhalter oder Schäfer oder gar ein Tierarzt. Vielleicht interessieren Sie sich besonders für die Tierheilkunde; dann sieht die Sache natürlich ganz anders aus, aber dann werden Sie mit diesem Büchlein auch wenig anfangen können. Für Schafhalter und professionelle Schäfer gibt es ein in Jahrhunderten gewachsenes, gesetzliches Privileg der „Kurierfreiheit", das sich in unserer so überaus reglementierten Zeit als echter Anachronismus ausnimmt. Es besagt, daß die eigenen oder berufsmäßig betreuten Schafe selbst behandelt werden dürfen, was ja normalerweise nur dem Tierarzt erlaubt ist. Allerdings müssen die für die Behandlung erforderlichen Medikamente nachweislich entweder vom Tierarzt oder von der Apotheke bezogen worden sein.

Im Kleinbetrieb wollen wir getrost auf dieses Privileg verzichten. Solange sich unsere Schafe „normal" benehmen, ist alles in Ordnung, und was normal ist, lernen auch Anfänger rasch durch praktische Beobachtungen. Anomalien im Verhalten können sich innerhalb von zwei Tagen verbessern oder sie können verschwinden, andernfalls holen wir den Tierarzt, anstatt zu versuchen, uns selbst als Amateur-Tierarzt zu betätigen.

Wichtig sind vor allem im Kleinbetrieb zwei Dinge: die Durchführung turnusmäßiger vorbeugender Maßnahmen, um ein Auftreten von Krankheiten zu verhindern, und eine besonders sorgfältige Überwachung der Schafe in der Zeit vor, während und nach der Geburt.

Durch die vorbeugenden Maßnahmen verhindern wir vor allem das Auftreten der **Klauenkrankheiten** und der verschiedenen **Parasiten,** der Ekto- wie der Endo-Parasiten, was nichts anderes bedeutet als der Außen- und der Innen-Parasiten. Dabei hat eine Vorbeugung gegen Endo-Parasiten auf blanken Verdacht hin nicht einmal unbedingt den gewünschten Erfolg. Besser ist es, zweimal jährlich eine zumindest stichprobenartige Kotuntersuchung vornehmen zu lassen und nach deren Ergebnissen gezielt Bekämpfungsmaßnahmen einzuleiten.

Die Ekto-Parasiten, also das gesamte Ungeziefer, das sich in der dichten Schafwolle wohl fühlt, wird durch ein Bad vernichtet, das wir am besten den Schafen angedeihen lassen, wenn sie geschoren sind. Oft werden von den Schafhalter-Vereinigungen Badetermine abgehalten, die an nahegelegenen Orten stattfinden; reisende Lohnunternehmen baden und scheren die Schafe verhältnismäßig preiswert. An sich ist es auch möglich, die Schafe durch Begießen oder Besprühen zu „baden", aber ein Tauchbad ist natürlich am wirksamsten.

Schafe neigen sehr stark zu Mißbildungen und Erkrankungen an den Klauen. Warum wissen wir bereits – ihre Vorfahren lebten auf steinigem Untergrund, auf dem sich die Klauen rascher abnutzten. Wir müssen sie zweimal jährlich schneiden – vor dem Weideauftrieb im Frühjahr und vor dem Aufstallen im Herbst. Rationell, rasch und einfach geht das mit einer „Schafwiege", in der die Schafe auf dem Rücken liegen und wir ungestört die Klauen bearbeiten können. Wie stark zurückzuschneiden ist, muß man sich zeigen lassen, damit man nicht in das „Leben" schneidet.

Eine leider nicht seltene und sehr gefürchtete Klauenkrankheit ist die **Moderhinke,** eine eitrige Entzündung der die Klauen umgebenden Weichteile. Das Auftreten ist sehr schmerzhaft, so daß die Tiere auf den Knien rutschen, das Aufstehen vermeiden und rasch abmagern. Wenn es erst einmal so weit ist, sollte man besser nicht den Versuch unternehmen, das Schaf vielleicht doch noch retten zu können, sondern es rasch schlachten und die „verseuchte" Weide umbrechen. Bemerkt man den Befall rechtzeitig, schneidet man die Klauen sauber aus und behandelt sie mit einer Formalinlösung (3–5%) einmal in der Woche. Bei größeren Beständen geschieht das – auch vorbeugend – indem die Tiere durch eine etwa vier Meter lange, schmale, seitlich hoch geschlossene und mit Formalinlösung gefüllte Rinne getrieben werden. Auch eine Impfung gegen die Moderhinke ist möglich, die das Risiko einer Erkrankung wohl nicht völlig ausschaltet, aber erheblich mindert. Die beste Vorbeugung ist häufiger Weidewechsel und das Vermeiden nasser Triebwege, da der Erreger außerhalb befallener Klauen nur etwa zwei Wochen lebensfähig ist.

Das Schaf hat zwei Zitzen, die an sich ausreichen, um auch mehr als zwei Lämmer zu ernähren, die dann nacheinander saugen müssen. Leider aber ist der Futterneid bei mehr als zwei Lämmern so ausgeprägt, daß sie sich manchmal an der Zitze festbeißen, um nicht verdrängt zu werden. Euterverletzungen führen aber leider häufig zu **Euterentzündungen,** und diese Mastitis genannte Erkrankung war früher außerordentlich verlustreich. Zu erkennen ist sie am einfachsten dadurch, daß das Mutterschaf das Hinterbein jener Körperhälfte nachzieht, dessen Euterhälfte entzündet ist. Heute ist die wirksame Bekämpfung mit Antibiotika und Sulfonamiden möglich, wenn sie rasch einsetzt und die Lämmer nur an der unverletzten Euterhälfte trinken.

Die **Lämmerlähme** kann weitgehend verhindert werden, wenn die Nabelschnur so bald wie möglich nach der Geburt mit Jod desinfiziert und mit Holzteer bestrichen wird. Grundsätzlich kann Anfängern nicht nachdrücklich genug empfohlen werden, in der ersten Zeit nach dem Ablammen Mutter und Lämmer vom Tierarzt inspizieren zu lassen.

Oft wird behauptet, das „Schälen“, also das Benagen von Sträuchern und Bäumen, sei eine Folge von Kalk- oder Vitaminmangel. Es steht allerdings fest, daß Schafe auch bei reichlichem Angebot von Mineralstoffen schälen, wahrscheinlich schon aus Langeweile oder Neugierde. Am besten schützt man Bäume durch ein ausreichend hohes Drahtgitter, bei älteren Bäumen genügt auch oft das Auslegen und gelegentliche Erneuern frischer Äste, die etwa beim Auslichten alter Bäume abfallen und als Ablenkung wirken. Jäger und Förster behaupten übrigens, reinrassiges Muffelwild ohne Schafeinkreuzung würde nicht schälen, obwohl diese Behauptung durchaus umstritten ist.

Mangelkrankheiten sind bei beliebig aufnehmbarem Mineralfutter nicht zu erwarten. Allerdings muß noch einmal nachdrücklich darauf hingewiesen werden, daß es eine besondere Mineralfuttermischung für Schafe gibt, da Schafe sehr empfindlich auf Kupfer und auch auf eine hohe Kochsalzkonzentration reagieren.

Futtervergiftungen sind viel seltener, als gemeinhin angenommen wird. Der riesige Adlerfarn ist giftig, auch Bitterlupinen, vor allem durch Pilze verschiedener Art befallenes, verdorbenes Futter. Gefährlicher noch sind manche Ziersträucher, die den Schafen als exotische Gewächse offenbar unbekannt sind und vor denen sie kein Instinkt warnt: Rhododendron und Taxus sind hier an erster Stelle zu nennen. Am schlimmsten sind wohl Insektizide oder Herbizide, Mineraldünger oder andere Chemikalien, und es ist deshalb immer darauf zu achten, daß eine entsprechend behandelte Portionsweide erst nach der vorgeschriebenen Karenzzeit wieder beweidet wird.

Wie erwähnt, ist das Thema „Gesundheit" schier unerschöpflich, und es gibt gewiß genügend gute Literatur darüber. Der Autor ist freilich der Meinung, daß man gerade als Anfänger im Kleinbetrieb durch eine zu eingehende Beschäftigung mit diesem Thema mehr Schaden als Nutzen anrichtet. Man entdeckt und bekämpft Krankheiten, die gar nicht vorhanden sind, oder man überdosiert Medikamente nach dem Motto „viel hilft viel". Selbst die Geheimtips mancher Züchter sind mit Vorsicht zu genießen, so etwa unkontrollierte Vigantolgaben bei vermutetem Kalkmangel. Wer sich in seinem Kleinbetrieb um größtmögliche Hygiene bemüht, die routinemäßigen Vorbeugemaßnahmen nicht vernachlässigt, sich täglich mit seinen Schafen beschäftigt und bei Abweichungen vom Normalzustand den Tierarzt ruft, kann eigentlich nicht viel falsch machen. Auch unsere Hochleistungsschafe sind noch verhältnismäßig ursprünglich und bei vernünftiger Haltung recht robust. Übergroße Sorge ist also unnötig.

Anhang

Gesamtverband

Vereinigung Deutscher Landeschafzuchtverbände e. V., 5300 Bonn, Adenauer Allee 176

Landesschafzuchtverbände

Landesschafzuchtverband Baden-Würtemberg e. V., 7000 Stuttgart 1, Sophienstraße 21B
Landesverband Bayerischer Schafzüchter e. V., 8000 München 12, Haydnstraße 11
Hessischer Schafzuchtverband e. V., 3500 Kassel, Kölnische Straße 48–50
Landesschafzuchtverband Niedersachsen e. V., 3000 Hannover, Johannssenstraße 10
Vereinigung Rheinischer Schafzüchter und -halter e. V., 5300 Bonn, Endenicher Allee 60
Landesverband der Schafhalter in Rheinland-Pfalz e. V., 6750 Kaiserslautern, Fischerstraße 11
Landesverband der Schafzüchter im Saarland, 6600 Saarbrücken, Lessingstraße 14
Landesverband Schleswig-Holsteiner Schafzüchter e. V., 2300 Kiel-Steenbek, Steenbeker Weg 151
Landesschafzuchtverband Weser-Ems e. V., 2900 Oldenburg, Mars-la-Tour-Straße 13
Landesverband Westfälischer Schafzüchter e. V., 4790 Paderborn, Bleichstr. 41

Literatur

Deutsche Schafzucht, Ulmer Verlag, Stuttgart (Erscheint alle 14 Tage als amtliches Verbandsorgan, im gleichen Verlag erscheint auch der Deutsche Schäferei-Kalender).
Haase: Ratgeber für den praktischen Landwirt, BLV-Verlag, München
Behrens, Scheelje, Doehner, Wassmuth: Lehrbuch der Schafzucht, Verlag Paul Parey, Hamburg
Schwintzer: Das Milchschaf, Ulmer-Verlag, Stuttgart
Werner: Selbstversorgung durch Schafhaltung, Orac-Pietsch-Verlag, Stuttgart
Arbeiten der DLG, Band 147: Wirtschaftliche Lämmerproduktion, DLG-Verlag, Frankfurt
Land- und Hauswirtschaftlicher Auswertungs- und Informationsdienst (AID), Heft Nr. 400: Lammfleisch erzeugen
Bayerische Landesanstalt für Tierzucht: Leitfaden für die Koppelhaltung, DLG-Verlag, Frankfurt